大都會文化
METROPOLITAN CULTURE

大都會文化
METROPOLITAN CULTURE

大都會文化
METROPOLITAN CULTURE

大都會文化
METROPOLITAN CULTURE

搜精 搜驚 搜金

從Google的致富傳奇中，你學到了什麼？

100萬美元創業　800億美元市值
七年間成長八千倍
相當於台灣 1/3 外匯存底的市值
Google的贏利經驗　非得一探究竟

楊立宇◎編著

CONTENTS

PREFACE

Google，一個公司的名稱，又是一種無所不在的文化；一個搜尋引擎，又像一個無窮的宇宙；一個名詞，又是貫穿每一個網友日常生活的基本動詞；它是庶民忠實的工具，又是掌握網際網路的上帝；它是微軟的敵人，是矽谷復甦的先鋒；Google還是一個巨型的圖書館，一個購物的天堂，一次約會服務，一場室內遊戲……Google有著無數的可能，有著無數的想像，Google究竟是什麼？讓我們一起來仔細探究吧！

在20世紀末，網路經濟的泡沫越積越高，網路世界內潰兵成群，高科技神話除了寥若晨星的幾大巨擘外，其餘的都在一夜之間褪盡了光彩，矽谷的冬天無情地降臨。可是在一片蕭條之中，總部設在加州山景城（Mountain View）的Google卻異軍突起，憑藉卓越超群的搜尋引擎技術在網路世界裡所向披靡。Google於1998年9月誕生在一間車庫裡，短短的幾年時間，已經發展爲年收益30億美元的網路巨擘，它的創始人佩吉（Larry Page）和布林（Sergey Brin）被《富比士》雜誌選爲地球上最年輕的億萬富翁。

Google已經成爲網路世界的英雄，不知Google是什麼的網友，必將被認爲不是眞正的網路使用者，還有人認爲Google是網際網路中的上帝，它可以輕易決定一個網站是否能被別人找到，決定這個網站的瀏覽量，甚至決定這個網站是否有存在的必要。Google的迅速崛起和對網路的衝擊，連比爾·蓋茲都公開宣稱受到了極大的震撼。Google已經隱隱構成了對微軟的威脅，微軟幾度放出風聲要收購Google。

主要經營搜尋引擎業務的Google公司是美國網路業的一個奇蹟，它的巨大成功甚至可以看成是矽谷及高科技產業復甦的標誌。縱觀Google發展壯大的歷程，就會發現這個奇蹟的產生絕非偶然，奇蹟的產生必然有奇蹟一般的理由！

Google以它的敏銳性發現了成功的機遇，在衆多網路公司都放棄搜尋引擎業務時，佩吉卻認爲「搜尋永遠是網路最需要的」。事實的發展證明，搜尋是網際網路世界的心臟，是通往資訊世界的鑰匙，資訊搜尋已經成爲僅次於電子郵件的網際網路第二大應用。Google每天2億次的搜尋查詢量和占有全球搜尋服務80％以上的占有率，使它穩居搜尋引擎產業龍頭老大的位置。

Google的獨特性引起了世人的矚目，獨特的經營理念使Google遲遲不願上市；創始人放棄了董事長與執行長的尊榮位置，而專心致力於產品技術的開發；在廣告費用排名世界第一、到處充斥商品廣告的美國，Google可能是唯一不做廣告的企業，

PREFACE

它崛起的聲譽全是靠出色的業績贏來的；Google寬鬆、休閒得近於散漫的企業文化，令眾多業界人士搖頭不已，但它卻依然活力四射，凝聚力和效率都與它的搜尋引擎功能一樣強大。

Google的開拓性是它成功的保證，Google核心技術PageRank（網頁級別技術）的演算法是搜尋引擎技術發展史上一個非常重大的突破，正是這一開拓性的技術，使Google成爲第二代搜尋引擎中的佼佼者。

Google不僅在技術上具有開拓性，它還在經營上另闢蹊徑，使原本無利可圖的搜尋業務變成了財源滾滾的聚寶盆，發動了一場改變網路經濟模式的技術革命。

Google的啓發性使人深思，當大量網路企業熱衷於資本經濟，到股市淘金，或者大搞多元化，想方設法從用戶口袋裡掏錢時，Google卻在埋頭發展技術，打造自己天下無敵的搜尋引擎。當經濟泡沫風捲殘雲一般消散後，Google卻在一片蕭條中脫穎而出，給那些把「發展才是硬道理」這條鐵則丟到腦後、只把眼睛盯在短期效益上的人上了生動的一課。

Google的神秘性讓人無法讀懂。Google的發展策略與傳統不同，企業文化別具一格，經營理念獨具特色，這些都充滿了神秘色彩，尤其是對自己的營運情況諱莫如深，使它具有深不可測的神秘感。關於它的收益，Google更是三緘其口，衆多的經濟專家衆說紛紜，直到Google明確表示將要上市，自己提供了精確的資料，人們才發現實際情況比預測的還要好。正當Google即將上市被炒得熱火朝天的時候，神秘的Google又突然放緩了上市的腳步，Google解開了一個謎團，又給人們留下了一個更大的謎團。

2004年8月19日，Google終於在美國的那斯達克上市，實現了人們對它由來已久的上市猜想。

無論Google怎樣神龍見首不見尾，但是它在搜尋引擎領域中占有絕對統治地位，以及在人們心目中成爲無所不知、無所不曉的神卻是無疑的。光芒四射的Google，是繼微軟之後的又一個IT神話，它對這個世界的影響是廣泛的，在如今傳奇不斷湧現的年代裡，Google將會創造出怎樣更加令人心馳神往的奇蹟，Google的未來之路該如何延伸？人們正拭目以待。

第一章

技術扎根

英語裡沒有Google這個詞，它是數學名詞googol（10的100次方，即數字1後跟100個零）的諧音。脫胎於1996年誕生的BackRub，是美國史丹佛大學的一項實驗研究成果。當時年近25歲的賴瑞．佩吉（Larry Page）和26歲的實驗者瑟吉．布林（Sergey Brin）白手起家，在1998年創建了Google公司。五年後，2003年，Google發展成爲全球網際網路搜尋引擎市場的霸主。

史丹佛天才

瑟吉．布林是出生於莫斯科的猶太人。祖父是大學教授，父親麥可（Michael Brin）是數學家，由於前蘇聯對猶太人的歧視政策，麥可和他的妻子以及年僅六歲的兒子瑟吉．布林在1979年移民到了美國，麥可在美國馬克蘭大學的數學系謀得了一個教書的職位，直到現在麥可仍在該校教數學。

布林思想活躍，性格開朗，富於浪漫色彩，童年時曾迷戀芭蕾舞蹈，那時的理想是成爲一位出色的芭蕾舞者。在他個人網站的網頁上，至今還保留著一幅他男扮女裝的彩色照片——頭戴披肩的波浪長髮，身著雪白裙裝，手指輕輕翹起，作風情萬種、魅力四射狀。

布林後來並沒有按照父親給他設定的道路發展，他在史丹佛大學攻讀博士學位期間選擇了休學，並和好友佩吉一起創建了今

天名揚四海的網際網路搜尋引擎Google。並且成爲Google公司的主管技術總裁。

賴瑞·佩吉的父親是密西根州立大學電腦科學教授卡爾維多·佩吉（Carl Victor Page）。受家庭影響和薰陶，佩吉的性格趨於穩重，在運算技術方面也更爲癡迷和苦心鑽研，在Google公司創建之初曾任Google的第一任執行長。

佩吉思路敏捷，辦事幹練，喜歡超負荷投入工作，每到這時，布林就告誡他不要長期保持高度緊張的工作狀態，偶爾也要到戶外休閒一番，放鬆放鬆。於是，在布林的強拉硬扯之下，佩吉不得不走出辦公室或者實驗室去外面呼吸新鮮的空氣。

在史丹佛大學的校園裡，人們曾不僅會看到布林和他女朋友玩溜冰相互追逐嬉戲的身影，也會看到佩吉矯健的身姿。此時此刻，佩吉與布林從不討論什麼公司前程、商業大事，而是盡情享受著溜冰所帶來的樂趣和快意。

專利沒人要

正是因爲志趣相投，佩吉和布林這兩個來自不同民族的美國加州史丹佛大學的同學結成了摯友。20世紀90年代中期，網際網路開始進入繁榮時代，在周圍的一片狂熱中，佩吉對布林提議一起研製一個新式的搜尋引擎，布林也對這個題材很有興趣，便決定兩人共同投入，做爲他們的研究專題。

於是兩人用信用卡借來15,000美元，購買一些電腦磁片和硬碟，在史丹佛建起了自己的實驗室。朔風狂戾，刺人肌骨，佩吉與布林都埋頭在工作間裡，晝夜苦幹，經過反覆論證，多次實驗，終於在1996年1月研製出最新的搜尋引擎，因爲這個搜尋引擎具備分析指向給定網站的鏈結能力，兩人給它取名BackRub。這種新式搜尋引擎性能優良，技術先進，成果發表之後，大受學校讚賞。

不久，佩吉和布林赫然發現，原本只有幾個教授和校方行政人員知道的BackRub，在網路上竟有上萬個人在使用。布林驚詫地發現學生作業成了網路工具，佩吉查覺到他們的搜尋引擎將是商機無限，開始有了販售這項研究成果的想法。

由於BackRub專利擁有權歸屬學校，兩人向校方據理力爭，並取得十年使用權。

然而，最初的銷售令人挫折，兩個人幾乎跑斷了腿，磨破了嘴皮，美國的各大入口網站對他們兩人的網路新技術毫無興趣。

布林越挫越勇，沒人用就自己用，希望繼續做下去！佩吉也同意，自己開公司，是金子總會發光。

一股衝動的熱血在兩個年輕人的胸膛裡流淌起來。他們先找

到史丹佛大學的校友——昇陽公司（Sun）的創始人之一的安迪貝許托謝姆（Andy Bechtolsheim）籌資。貝許托謝姆對這種搜尋引擎的先進性大加讚賞，布林告訴他，使用Google這個名稱就是代表公司想征服網路上無窮無盡資料的雄心，貝許托謝姆十分高興，立刻開了一張10萬美元支票交給兩個年輕人。

1998年9月佩吉和布林先用貝許托謝姆投資的10萬美元註冊登記，正式成立Google公司。布林外交能力強，而佩吉果斷穩重，兩個人討論之後，決定由佩吉當執行長負責管理，而布林則擔任董事長。接著，兩人又從親朋好友那裡借來100萬美元，把寶全部押在了他們重新命名爲Google的搜尋引擎上，作爲公司提供的唯一服務。整個公司除了佩吉和布林外，還有一個員工，叫克雷格·席維史汀（Craig Silverstein）。

尋找領導人

公司成立初期，佩吉和布林親自動手，每天忙個不停。他們的目的非常明確，就是希望能夠幫助電腦用戶在Internet上順利找到他們想要的東西。由於使用簡單，功能強大，因此，Google在短短幾個月之內，就一躍成爲最受歡迎的網站之一。1999年6月7日，創投公司克萊那·巴金斯（Kleiner Perkins Caufield & Byers）和美洲紅杉公司（Sequoia Capital）投資Google公司2,500萬美元。當時的Google已經發展到了8名員工，每天處理50萬次搜尋。透過這次新血注入，Google如虎添翼，之後公司業務飛速擴張，員工達到200人，公司每天執行200萬次搜尋。

在創辦Google之前，兩人根本不知道什麼叫商業計畫書，直到現在他們也從沒寫過這種東西。身兼數職的佩吉和布林日理萬機，勞累不堪，特別是一些商務活動，兩人眼看彼此負荷過重，工作到達瓶頸，同感儘早找個專業經理人才，代替他們管理公司，使兩人能騰出手來專心搞技術抓商品，才是明智之舉。

2001年3月，佩吉和布林正式聘請46歲的艾瑞克・施密德（Eric Schmidt）博士接替布林擔任Google公司的董事長。此前，施密德曾在Novell公司擔任董事長兼執行長，負責公司的戰略策劃和管理。

透過幾天的調查和分析，施密德甫上任，即發覺Google公司毫無結構可言，除了調整公司的結構外，目前迫在眉睫的任務還有規範公司的預期任務、培養公司的管理階層以及建立更完整的資訊管理體系。在一連串的規劃下，施密德博得了佩吉和布林掌聲和贊同。

管理鐵三角

就在艾瑞克·施密德對Google公司的體制結構大刀闊斧地改革的同時，他忽然發現了一個兩全其美的做廣告的方法：把小的、不顯眼卻高度相關的文字廣告放在Google的搜尋結果旁邊，稱之爲「贊助商鏈結」。

後來發現廣告公司非常喜歡這種方式，因爲只有當用戶點選廣告時他們才需付給Google廣告費用；用戶要麼不在乎這些簡捷的廣告（至少不會被那些吵吵鬧鬧、亂動亂竄的廣告吵得心煩意亂），要麼學會了喜歡這些相關廣告，就像喜歡使用黃頁服務一樣。

在此之前，佩吉和布林一直恪守著Google的單純性。堅持不在網站上飄廣告旗幟，也不做彈出式廣告，而且被他們認爲有負面影響的網址，一律拒絕提供廣告服務。

接下來，Google可以像神奇的蜘蛛人一樣在網際網路中爬來爬去，把那些相關廣告放到其他網站上去，這一廣告方式被稱爲「同步廣告」。一旦用戶點選這些廣告，被放置了廣告的網站就會和Google一起分享廣告公司付的錢。就這樣，Google在賺錢的同時也避免成爲一個大雜燴，它有效刊登了廣告，同時保證了頁面整潔。2001年的第二季，Google就開始獲利了。

2001年8月初，施密德接替佩吉擔任公司執行長，身兼雙職。而布林專任公司的技術總裁，佩吉專任公司的產品總裁。從此，三個人的密切關係被稱為Google公司的「鐵三角」。

同為網路公司，佩吉和布林的思想卻獨樹一幟，當美國或者中國的年輕人揣著商業計畫滿懷希望想趕赴那斯達克上市的時候，Google仍由私人控制著股份。當股價漲跌的謠言令貝佐斯（亞馬遜書店執行長）和張朝陽（搜狐執行長）寢食不安時，佩吉和布林卻談笑風生地面對未來；當矽谷和北京的各大網路公司互相比著誰裁員的魄力大時，Google卻到處招兵買馬，網羅精英。

2001年10月，美國的一份權威的IT雜誌報導：網路「泡沫經濟」的繁華正在散去，現在的矽谷彌漫著萎靡的末日氣氛。各大搜尋引擎的公司都舉步艱難，或者裁員或者大幅虧損……

而當時的Google已經連續半年只賺不賠了。儘管Google當時未透露其財政數字，但專家普遍分析認為Google當年收入已達到了5,000萬美元。

金礦何在？

Google發展史中最有意思的一個問題是：網際網路到底用了多長時間才發現這一個巨大商業潛力？一位矽谷資深人士回憶，兩年前他拜訪兩位Google創始人時表達了他的疑惑不解：「公司

是怎麼樣賺錢的呢？你們的技術似乎很先進，但誰會來投資呢？」

Google沒有做過一次電視廣告，沒有張貼過一張海報，沒有做過任何網路廣告鏈結。但Google在搜尋引擎領域取得的成功是其他公司無法比擬的。

授權Google搜尋技術是布林和佩吉賺錢的第一法寶。雅虎、網景（Netscape）、網易、思科（Cisco）、寶僑、美國能源部等130家大公司和網站正在使用的就是Google的搜尋技術，精明的Google按照搜尋的次數來收取授權使用費，而非傳統的一次性買斷。

對此，佩吉解釋是：「我們的搜尋處理比其他傳統公司控制得更好。」他的這一說法在2000年6月得到了有力的支持：雅虎終止與Inktomi搜尋引擎公司的合作，其入口網的全部搜尋服務交由Google提供。與雅虎簽定的這一份合約，每季為Google帶來幾百萬的收入。」

Google第二項收益來源是廣告收入，這對於Google來說是塊大肥肉，整個廣告收入要占總收入的三分之二。但Google卻使它肥而不膩、清爽可口，在Google的網站上根本見不到廣告橫幅，也沒有活動的畫面，所有的廣告都是文字格式的，而且Google的這種文字廣告只有15％的搜尋結果頁面上才出現，但其點選率據

Google稱是業界平均水準的4～5倍。

Ask Jeeves、Inktomi、LookSmart和雅虎等搜尋引擎的收費方式均有兩種：其一是列表付費，即在這些搜尋服務提供商的目錄或搜尋結果中，客戶需要付費才能把自己公司的名稱加進去；另一種是位元次付費，即在關鍵字的搜尋結果中，客戶需要付費才能讓自己公司的排序向前提。Google卻獨闢蹊徑，他們把公司的名稱列入其目錄和搜尋結果中時並不要求付費。更準確地說，佩吉和布林從不允許自己的公司介入這類活動。

Google的網站排列方式只有兩種，而且都是自動完成的：在目錄頁面中按照字母順序；而搜尋結果的排列則依據其開發的PageRank技術，即考察頁面在網上被鏈結的頻率和需要性，換句話說，網際網路上指向這一頁面的重要網站越多，該頁面的級別也越高。Google的運算方法以一個網站被其他網站索引的數量爲基礎，比如你想搜尋「薩達姆」，Google會搜尋出所有涉及「薩達姆」的網站，然後將其中出現頻率最高的網頁位於首位。

所以，Google的每一個搜尋結果都是「純技術選擇」，是電腦程式按點選率頻率規則自動排列出來的。正是由於它的眞實性和權威性，人們現在已經習慣於透過一家公司、一種商品在Google上的位置和查詢結果數量來判斷其知名度和重要性，這就是所謂

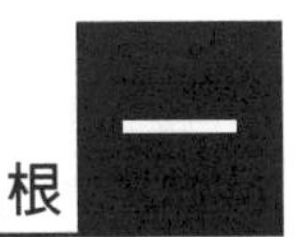

的「Google」指數。有人評論說：「由於Google的舉足輕重，它能決定網上行銷企業的成敗。地段的選擇歷來是零售商的頭等大事。而對於網上零售商而言，角逐Google排名無異於爭奪黃金地段。」因此，Google公司每周平均要收到一萬封電子郵件，詢問的都是同樣急迫問題：「如何才能讓我們的公司在Google上排名上升？」從這方面來說，佩吉和布林的腦細胞並沒有白白浪費，在商戰中往往出奇招才能致勝。

其他的同業們都在刻意地把廣告和搜尋結果參混在一起以獲取更多的收入，而Google則別出心裁地把所有文字廣告單獨列出來，用特別醒目的顏色專門標示，並且附上一條說明——「贊助商鏈結」。比如有人在Google上輸入「婚禮」字樣，那麼在搜尋結果的網頁上的右邊就會出現婚禮網站的文字廣告，每次搜尋Google向商家收取0.8美分到1.5美分的廣告費。在所有的業界人士看來，Google的此舉未免顯得太缺乏商業頭腦，無不嗤之以鼻，但具有諷刺意謂的是，所有的搜尋引擎服務提供者中，只有Google在大把大把地賺鈔票。

登上頂峰

早在2003年，Google就已坐上了網際網路搜尋引擎的第一把交椅。也就是說，Google登峰造極，樹大招風，面臨的挑戰會更加嚴峻和複雜。佩吉和布林沾沾自喜了一陣子後，頭腦迅速冷靜下來，開始考慮如何保持他們的搜尋服務優勢而力保江山不失，以免重蹈搜尋業先驅AltaVista的覆轍。於是，Google推出了付費搜尋服務。

Google公司跨出第一步，和迪士尼網際網路集團達成交易，將Google的搜尋引擎用於迪士尼網際網路集團中的一部分網站。

自推出付費搜尋服務以來，Google已經在這個領域站穩了腳跟，並且成爲Overture的競爭對手，僅一周之內，Google吸引的廣告公司達到10萬個，比Overture的付費用戶多出25％。

儘管迪士尼公司的大多數網站選擇Google搜尋技術，但是它人氣最旺的網站卻採用Overture搜尋技術，並在一個月之間竟達到1,000萬人以上的點選率。Overture與Google勢均力敵，誰也不肯後退半步。爲了對抗Google的規則搜尋演算法，奪取國內外的付費搜尋客戶大戰中獲勝，Overture毫不猶豫地拿出2.1億美元，購買AltaVista和網路快遞搜尋與傳輸技術。佩吉和布林也不甘示弱，隨即推出提供內容服務廣告的措施。

手機搜尋爲網路精英們展現了另一個嶄新的戰場，在新領域中搶占先機尤其重要。分析家麥可．金認爲：無線搜尋是行動通訊領域的最後一桶黃金，被人們認知的國際大品牌還沒有出現。

目前，儘管使用手機閱覽Web網頁的用戶還比較少，但市場調查公司亞克集團預測，2004年全世界將賣出至少5億支手機，這些手機當中，大半具備網際網路功能。

敏感的佩吉與機智的布林，英雄所見略同，在2003年就開始與斯波尼特公司合作，嘗試提供手機搜尋服務，依仗Google在傳統搜尋領域的成功經驗，力圖在手機市場占據席位，但直到2004年並未取得顯著的戰果。在行動搜尋領域方面，隨著微軟和雅虎的大力加入，競爭將進一步升級；另外，向手機用戶提供即時通訊服務的美國線上，毫無疑問地也將成爲Google的強勁對手。

高手如雲

佩吉和布林永遠記得：1995年的網景公司曾經以「網路世界未來統治者」著稱，並且觸發了網際網路的繁榮，然而最終卻遭到微軟的圍剿和扼殺。

現在微軟不惜投資數百萬美元開發自己的搜尋引擎產品，如果微軟能夠在下一代作業系統Longhorn中整合自己開發的搜尋引擎。作爲搜尋領域的旗艦企業，Google會不會發生觸礁沉沒的危險？

2003年11月6日，Google推出的免費軟體——「Google Deskbar」，可以使人們無須打開IE就能夠利用Google進行搜尋，而此時尚在「研究之中」的微軟搜尋技術盡在Google的視野之中。

2004年2月，基本上已經把全球最優秀的搜尋引擎技術公司納入旗下的雅虎，突然宣布停止使用Google的搜尋技術，徹底結束雙方的「親密接觸」，轉而採用自己以前從Inktomi和Overture購買的系列技術，取代Google的工具列。

咬緊牙關的Google也在進行一項實驗：把特定的城市和郵遞區號作爲基準供用戶檢索，使用這個服務，用戶可以在街道中尋找最近的咖啡店等等。Google甚至開始考慮支援語音指令。

除了搜尋，Google還能不能再做些什麼？恐怕今後會有更多的投資人提出這個問題。分析家認爲，爲了保證長期持久發展，除了專注於搜尋市場，Google還應當實施多元化策略。

第二章

開疆拓土

在「解析大規模超文字網路引擎」的論文中，佩吉和布林這兩位年輕理想主義者首次設計出了Google的藍圖。儘管他們心中深深厭惡著網際網路的商業化，但是無論對於個人或者是一個企業，在險象環生的環境中惟有適者生存。

自由創意

這裡是一片自由的天空。

美國加州的山景市山景路，Google的總部就像一個大學實驗室與「兄弟會」會所的混合體。總部規模雖然不算太大，但進去之後就能發現它身上有一些創業明星的影子，就像早期的網景、蘋果、微軟那樣。在總部大樓二層的高臺上矗立著一臺巨大的顯示器，螢幕上不斷地滾動出現的是來自全球各地用72種語言輸入的查詢資訊。

Google的軟體工程師穿著短褲和T恤，在走廊上來回溜達。他們甚至還經常溜著直排輪或者牽著一條狗。走廊的盡頭是一個球體的紅色門廊。大型顯示器在這裡已安裝多年了，四周擺滿了各種各樣的小玩意：飛機上的索環、戴著假髮的日本小雞、萬聖節的蜘蛛等等，讓人眼花繚亂。

體積龐大的電腦螢幕被分成上下兩個部分：上半部是一幅能夠顯示黑夜與白天的世界地圖，地圖上遍佈各大洲的是一個個閃

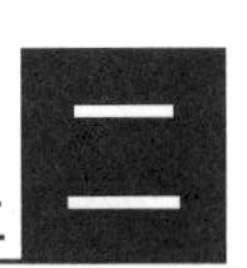

爍著各種顏色的亮點，每一個亮點都代表著一種不同語言和幾千個要查詢的問題；下半部顯示用戶透過Google查詢的問題，一次只出現10個問題，不停地向上滾動，5秒鐘後就消失了。所顯示的每一個查詢問題前面有用戶所在的地址，精確到具體的城市。這不僅僅是Google用戶分佈圖，還是現代技術的分佈圖，甚至是新經濟繁榮的格局圖。每時每秒，全世界有42%的搜尋引擎用戶向山景路這幢大樓所管理的伺服器展示自己內心深處的衝動和希望。

精英治理

佩吉和布林深知：科技競爭的根本問題是人才的競爭。Google的總部大樓每年都會接到數以萬計的科技人員的求職申請和加盟要求。

雷姆．史蘭姆（Ram Shriram）長期以來都是矽谷的寵兒，還曾擔任過Amazon.com的商務招展部副總裁。在1999年的一次史丹佛大學電梯內，與兩位Google創始人短暫交談後，便欣然投奔佩吉和布林，目前已透過出資Google而進入了公司董事會。史蘭姆回憶：「佩吉和布林當時邀請我去一間辦公室參觀他們的工作情況，當時的印象棒極了，至今難忘！」

同時，布林和佩吉還吸引來了大約上百位電腦科學博士，他們都欣賞Google擅於攻克技術難題的作風。Google擁有一個開放性資料庫，內含待實施的專案清單，這些專案都由這些高階工程師負責推進，他們保證不僅僅是工作援手，而且要爲Google的前途和命運而戰，這些工程師甘作足智多謀的幕後英雄是Google最大的財富。用於支援海量資訊傳輸的伺服器安放於美國的5個資料中心，這些伺服器性能強大，安全性好，可經受炸彈爆炸和地震等自然災害的考驗。布林和佩吉在小型化其硬體的同時，還致力於被稱爲「可擴展性轉換」的軟體編碼開發。隨著待搜尋網頁數量的不斷增加，建立於全天候多重鏈結的搜尋功能也日趨強大。

Google過去的成功屬於爲公司辛勤耕耘的具有聰明才智的工程師，而未來則屬於瑞斯（Jim Reese）和桑柏格（Sheryl Sandberg）等受過高等教育的高材生。

桑柏格背景豐厚：哈佛MBA、麥肯錫兼職諮詢師、世行經濟學家。她還曾步入政壇，在柯林頓政府的財政部擔任主管。Google透過建設技術先進的搜尋引擎揚名世界，但公司利潤來自隨意性搜尋定向廣告，而這便是桑柏格用武之地。自2001年11月以來，她一直擔任Google於一年前設立的AdWords專案主管。

根據這一專案要求，廣告公司可購買Google網站內的廣告位置，其中包括兩種文字形式的廣告類型。一種是普通贊助鏈結，

通常出現在搜尋結果的右側，另一種是較大金額的贊助廣告，通常安放在頁面頂部。廣告收費方式是：只有當用戶點選廣告後才收取廣告費。而且，只有當用戶搜尋相關資訊時，相關的廣告才出現。

佩吉和布林要求最好的技術、最聰明的員工以及最領先於時代的點子。兩人爲Google的員工制定了一條不成文的規定：工程師必須用四分之一的時間來思考了不起的點子，即使這些點子的財務前景可能有疑問。雖然佩吉和布林把相當大的股份賣給創投公司，他們仍然是公司文化的核心。

佩吉在思想方面非常出色，經常喜歡將員工召集在一起進行腦力激盪會議，而布林則更富有商業才能，同時也很有幽默感，是一位出色的談判家，他經常對佩吉開玩笑。

在實現夢想的同時，佩吉和布林也非常關注細節：Google的員工享有免費午餐——這是在計算了保健費用降低和比較外出就餐節省的時間後作出的決定。雖然絕大多數科技產業人士都談論IPO（Initial Public Offering，首次公開發行股票），但是他們倆都堅持自己的理想。用佩吉的話說，就是要建設「最終的搜尋引擎」。佩吉說：「它將能準確理解你輸入的文字，給你正確的反饋。我們的搜尋引擎相當好，但是距離完美還有相當大距離，所以我們需要付出更多的努力。」

Google的領先，緣於技術。用Google搜尋布林，首先出現的是其個人網頁的鏈結，這一網頁暗示了到底是什麼東西在驅動著他不斷努力。網頁上有一連串布林研究論文的鏈結，論文題目都是諸如「探明因果結構的擴展性技巧」之類的。

Google上有關布林的正式介紹列出了他的個人興趣，包括「從雜亂無序的資訊源中提取資訊，對大型文獻庫和科學資料進行資料挖掘。」

最重要的是，Google的創建者是極具探索精神的電腦科學家。儘管帶有濃厚的網路怪誕色彩，但其核心工程文化直接來自於大學校園。

20世紀70年代的英特爾、80年代的蘋果電腦和昇陽電腦、90年代的甲骨文和思科系統，都以其發展詮釋了以技術搶占利潤市場的矽谷模式。

Google目前共有超過3,500名員工，處理著每天數億次全球資訊網搜尋，爲將這一態勢保持下去，Google建造了一款自行設計的超級電腦，該電腦系統能夠在8個資料中心之間傳輸資料，並能夠在半秒鐘之內同時對千萬個搜尋請求做出應答。

Google閃電般的速度一直以來都是最爲人們津津樂道也是最

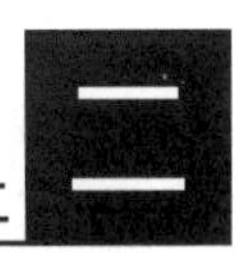

爲迷惑不解的事情。通常別的搜尋引擎要花十幾秒才能查到的結果，Google一般只用不到一秒的時間就弄出來了。Google的技術負責人揭開了謎底。原來，當一則搜尋請求傳到Google總部之後，都會將這則搜尋指令下達到許多不同的電腦伺服器，讓它們同時進行搜尋工作，這樣的話就比一臺電腦伺服器單個搜尋快了許多。在一般情況下，會有多少臺電腦伺服器同時參與搜尋工作呢？說出來可能嚇人一跳——大約1萬多臺！

佩吉表示，Google的每一個搜尋結果，都是按程式規則自動排出的，是純粹技術選擇的結果，這個結果神聖不可侵犯。他強調說：「這也是Google對自己技術理念的堅持，是對用戶的尊重。」

Google用領先的技術不僅創造出了閃電的速度，滿足了用戶的需要，而且奠定了它的搜尋引擎霸主的地位，近80％的網際網路搜尋是透過Google或使用Google技術的網站來完成的。

新領域的拓展

有經驗的網站經營者透過在網頁的背景語言中多輸入幾個關鍵字的方法欺騙搜尋程式，因而搜尋的結果經常存在偏差。Google承認其機制不夠完美。負責消費者產品的主管瑪麗莎說：「我們走過了很長的一段路，但我們認爲搜尋技術仍然處於幼年期，我們需要更多的內容和搜尋引擎交互的方式，例如，我們可以問一個問題讓它回答。」

Google的搜尋結果基於網頁的普及程度，其標準是其他網站對該網頁鏈結的多少，鏈結的數量越多，網頁在搜尋結果中的排名就越高，Google公司將這一技術稱爲PageRank。這一技術不僅在發布相關結果方面效果奇佳，而且其速度也非常地快。例如搜尋「加州大停電」這一關鍵字，在五分之一秒的時間內就能夠得到100多萬個鏈結。

Google公司總是將其能夠成功的原因歸結爲其業務的單一性。佩吉曾表示：「我們從來都沒有偏離過搜尋。」但「搜尋」一詞的外延被大大擴展了，這其中包括新開了一家商品比價網站、從全球4,000多家機構獲得新聞的新聞網站以及對Blogger的收購。佩吉說：「收購Blogger符合Google的戰略。」「如果搜尋一架飛機失事的消息，我們會提供與該飛機相關的網站以及相關的新聞文章，現在，我們還能夠提供全球各地的人對這一事件的感受。」

Google目前囊括了拍賣、新聞、被稱作Weblogs的個人網路日誌，甚至是過濾討厭的彈出式廣告的服務。它每天使用100種語言回答超過2億個請求，平均每秒鐘超過2,300個，在1萬臺電腦的幫助下，它索引的網頁超過了80億個。

佩吉在2003年接受採訪時說：「我們一直非常幸運，我們已經取得了非常大的進步，但我們還有許多工作需要去做。」布林也表示：「Google已經超出了我的想像，許多人的生活已經離不開Google。」

現在已經有人建議將Google變爲一個中立性的非贏利機構，這無疑是開始懼怕Google的潛能。

讓自己無可取代

成立到現在僅僅7年時間，Google搖身變成全球大多數人公認的品牌，其名稱成了搜尋的代名詞。如今在網際網路上，「to Google」已經與「to Search」意義相當。

據一位熟知公司財務狀況的Google工作人員透露，公司2003年的收入可能從2002年的不到3億美元成長至7.5億美元以上，利潤高達30%。而這些收入正是從蜂擁登錄Google的10多萬名廣告客戶那裡得來的，吉萊娜·瓦芙拉便是其中之一：

瓦芙拉在拉斯維加斯做義大利服裝進口生意。2003年5月，她決定爲搜尋用戶輸入「Armani」和「Hugo Boss」後，點選她的義大利服飾折扣廣告，支付21美分至150美分的單次點選費用。

在與Google合作之前，瓦芙拉每月在eBay上賣出10件左右的衣服。用Visa卡買下50個關鍵字廣告之後，據她說，第二天早上銷量便開始飛漲。她的生意此後一直在成長，目前每月差不多能賣出120件。2004年她計畫在Google搜尋廣告上再投入6萬美元。

業界人士認爲，Google的AdWords業務之所以如此紅火，其中最關鍵的原因，還是它把廣告客戶和Google搜尋用戶二者的利益與喜好都考慮了進去，從而贏得了客戶與網友的雙重喜歡。

Google靈活且目標專注的AdWords專案獲得了回報，但Google的管理者似乎並沒有滿足。佩吉在2004年初表示，Google最大的對手Overture Services 2003年在廣告業務上獲利頗豐。爲了應對挑戰，Google必須進一步開拓廣告業務。2003年4月，Google對外宣布：他們收購了網際網路廣告方面專家——Applied Semantics公司。Applied Semantics是專門開發網際網路廣告軟體的公司。當網站頁面發出請求時，他們設計的軟體就可以控制彈出相應的線上廣告。

借助於搜尋引擎Google的幫助，還可以查出過去許多年的歷史記錄，可能包括您的傑出貢獻，也可以包括您的犯罪記錄——對於這些陳年舊事，或許您並不在意，但是總有「好事者」會把它放在Google上。所以，如果有人突然談起你上中學跟人打架的事，不必感到驚訝。

當今網路時代，Google幾乎是無所不在的。電影《女佣變鳳凰》中的女主角，曾對她兒子說：「遇到問題就去找Google」，Google儼然是無所不能的「智多星」。

創造神話

當今時代，大多數的公司依靠廣告轟炸換取市場占有率。Google的成功似乎有些另類，但是它說明「產品質量」仍然是取勝的法寶。

「Google是憑藉市場口碑取勝的。」紐約品牌戰略公司Siegel & Gale的負責人亞倫．西格爾（Alan Siegel）說，「如果你有好的產品，人們就會去談論你。Google的成功在於它使人們不斷地談論它。」

令人驚訝的是，在2002年一項全球最知名品牌調查中，Google成功擊敗蘋果和可口可樂，成為該年度「最具有影響力的品牌」——此次活動的1,300多名參與者，都是行銷專業人士。

Google能贏得如此良好的口碑，很重要的原因是它簡單實用，容易被記憶。

用《新聞周刊》的話說，Google已經成為一種文化，它使每個人與任何問題的答案之間的距離只有點選一下滑鼠那麼遠。

用網友的話說，我們可以不去看雅虎的新聞，可以不用

Hotmail的免費信箱，也可以不安裝MSN，但我們無法不用Google。

搜尋，是一種網路的現代生活方式，就好比現實中的衣食住行，已經成爲網友在每次瀏覽網頁的過程中不用思考的行爲方式了。而Google的出現，就好比是網路上的春藥，一旦迷上就擺脫不了了，離開它，你就會覺得缺少點什麼，產生一種莫名其妙的煩躁，這就是Google的網路迷幻作用。

今天，全美國使用網際網路的人幾乎都知道Google：銷售人員用其查詢商業資訊；家庭主婦把它當購物指南；大學生借助其準備論文……

目前Google每個月接待來自世界各地的超過2,800萬獨立瀏覽者，全球網友透過Google可以使用86種語言，搜尋40多億個網頁及其網頁快照，以及4億多張圖片。的確，Google已經成爲網路時代最流行的名詞之一，它的品牌效應逐步展現出來。正如惠普、愛普生象徵著印表機，可口可樂代表了軟飲料，「Google」已成爲網路搜尋引擎的代名詞。

有人說，Google的品牌價值是無價的。美國的著名品牌研究專家則認爲，根據現在流行的品牌價值估算法，Google的品牌至少值20億美元。相對可口可樂、通用電氣等百年品牌動輒幾百億

美元的品牌價值來說，區區20億美元，確實算不上有多希奇。但是值得注意的是，Google的歷史只有七年多的時間，而且創造出這種品牌價值，Google居然沒有在行銷上投資一分錢。

一位社會學家驚呼：「由於Google在我們的日常生活中如此重要，它已經成爲無所不在、無所不能的神！」

雄心萬丈

Google負責廣告業務的副總裁提姆·阿姆斯壯（Tim Armstrong）宣稱：「Google從創建第一天起就致力於爲用戶提供最好的資訊服務，我們現在已經開始爲全球的廣告公司服務。」

在過去幾年多時間裡，Google在與網際網路上的每一個客戶的簽約中已經聚積了大量的財富。有充足的資金做後盾，Google的執行長施密德絲毫也不掩飾自己的野心：「現在的Google市場占有率是32%，在市場上占據了相對優勢，但非絕對優勢。我們打算增加到60%～70%。這並不容易，但卻是可能的。」

佩吉和布林信心十足，並且提出了新的目標：「Google將不斷地向全球的網路新聞和電子商務領域擴張！」

技術授權方面，上市的Google並沒有公布獲得其技術授權的公司的具體數目，但是從它舉出的成功客戶的例子中我們可以看到，得到Google技術授權的公司遍及消費品、能源、娛樂、媒體、政府、金融、製造業、醫療、電信及大學等等各個領域，一些耳熟能詳的名稱包括思科、新力、易利信、美國線上等大企業均處在名單中，台灣和中國的部分著名入口網站也榜上有名。從目前Google如火如荼進行技術授權推廣的情況來看，在不久的將來，該公司也可能會將Gmail獨有的搜尋技術，授權給其他網路郵件提供商使用。這既能避免與目前市場上已經相當成熟的網路郵件提供商進行正面競爭，同時更是一個與網路搜尋技術授權異曲同工的利潤點。這就是「規模效應」——IT世界裡保持獲利的定律。比如微軟的Windows作業系統，再比如Google現在的「網路搜尋技術——搜尋授權」，或者Google未來的「網路郵件技術授權」。

2003年3月，Google收購了以新聞群組而聞名美國的網站Deja.com，Google要爲後者的數百萬用戶提供新聞組搜尋服務。此外，Google還加強了現有的搜尋功能，現在他們已能搜尋Adobe公司的PDF格式的檔案，圖片搜尋功能也已開始試運行。再加上原先就有的目錄、電話號碼簿、地圖查詢等等服務，Google越看越像是在走雅虎和AltaVista的老路，儘管施密德一再強調公司不會成爲一個入口網站，如果不想成爲一個入口網站，佩吉和布林就得向世人證明搜尋引擎市場還有發展的餘地空間。

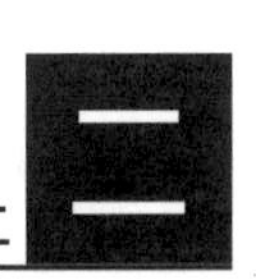

布林滿臉嚴肅地說：「根據合理估計，我們現在已能搜尋到全世界一半的網頁。三年的時間裡我們的處理能力從3千萬頁增加到了16億頁，但在搜尋引擎的市場上我們還沒有占到一半占有率。現在的Google的市場占有率是40％。我們的下一個目標是要達到60％至70％。」

與雅虎和AltaVista不同的是，Google積極參與無線應用等新技術的開發。現在Google已成爲掌上電腦的兩大品牌Handspring和Palm的搜尋引擎，此外，他們也與歐洲的沃達豐（Vodafone）和日本的DoCoMo簽署了合作協議。同時，Google的技術人員還和德國寶馬公司技術人員一起開發Google的語音搜尋系統。

如果說上面那些計畫都還停留在技術層面上的話，那麼Google的海外擴張恐怕就超出了這一意義。Google的英國、德國、法國、義大利、瑞士、加拿大、日本和韓國網站已經不聲張地悄悄開通，Google的中文搜尋服務在投入使用時，布林和佩吉在北京進行了頗爲隆重的新聞發布。接著，辦事處就在各地建立起來，布林希望他們能打破Google侷限在美國一地的不利之處，實現公司的收益平衡，因爲Google超過一半的流量來自美國之外的世界各地。然而，對於一個到目前爲止還只有技術優勢的公司，要想控制好Google帝國的擴張非技術所能解決。

國際市場的生疏，仍是Google的弱點之一。「Google的中文沒做好，是它對博大精深的中文理解太有限了。」業界人士是這樣分析爲什麼Google進入中國市場比百度提供服務時間要早，但並沒有領先百度的原因。

勢力範圍

2003年9月25日，Google發言人宣布，其廣告公司客戶已達15萬家，如此傲人的成績主要是得意於搜尋引擎全球計畫。Google表示，除了新推出的針對西班牙的Google.es服務外，還在西班牙的馬德里設立了一個廣告銷售部門，迎合當地的需求。Google廣告公司目前已經覆蓋了全球21個國家和地區。

Google稱擁有15萬家廣告公司，主要原因是Google搜尋引擎的知名度日益增加，另外搜尋服務能帶給廣告公司很好的投資回報。

Google於2004年在印度的邦加羅爾（Bangalore）設立一個工程研究與發展中心，這也是Google第一個設在海外的研發中心。工程部副總裁Wayne Rosing說：「我們不過想召集更加傑出的工程技術人才。而印度顯然有大量堪稱天才的電腦科學家。」

Wayne Rosing說：「在印度設立研發中心旨在利用印度的數量可觀的工程技術人才，而不是爲了降低成本。Google已經在加州的山景城，桑塔摩尼卡（Santa Monica）以及紐約設立了研究開發中心。目前，儘管Google在網際網路搜尋領域占有主導地位，但雅虎和微軟也在不惜花費重金向Google發起挑戰。」

Google 2004年5月12日表示，其正在爲新聞服務增加更多的地區類目，以便更好地服務全球用戶。總部位於加州的Google爲此推出了五個以國家爲搜尋類目的新的全球性新聞服務網站，這些網站均在Google的新聞主頁上有鏈結。

Google擁有了加拿大、美國、新西蘭、澳大利亞以及印度的Google新聞網站，這是我們致力於成爲無偏見的全球性新聞提供商，同時滿足地區用戶需求的計畫之一。

儘管Google的技術野心和全球發展規劃大致已經實現，但激烈的市場競爭，使兩位Google的創始人開始思考公司的新戰略。

最新戰略

直到2004年初，Google仍利用其隱匿性作爲一種有效的競爭武器。公司執行長施密德表示說：「私營公司的好處之一就是能夠按照上市公司很難做到的方式行事。」

Google從不披露它有多少員工，1,000多人是一個常備答案；當披露配置了多少電腦伺服器回應每天的搜尋需求時，它的答覆是1萬多，而外界估計它的伺服器有將近10萬臺，Google的發言人同樣拒絕置評。Google對所有公司內部資訊都守口如瓶，外界人士對其只能隔岸看花，而且是霧裡看花。

第三章

征服大眾

事實上人們向Google討教幾乎包括了生活中所有一切的問題，因此，有許多人認爲，假如有什麼是在Google上找不到的，那麼在這個世界上它就是根本不存在的。

Google已經成爲許多人生活工作中不可缺少的查詢工具。過去，要想租套滿意的房子，不知得花多少時間、跑多少冤枉路，現在Google能提供上千則租屋資訊和網站連接。身體不適也不用馬上去看醫生，只要在Google裡輸入病徵，便可獲知病情和治療辦法。搜尋圖片、查詢資料……它已不能單純理解爲一種網路工具了，它滲透到全球網友的網路生活當中。

Google爲生活帶來許多便利，人們越來越仰賴它，越來越離不開它。它對人們的影響越來越深入，以致於造成一種威脅。

搜尋決定論

世界上無論任何語種、語系、語族裡，都絕對再也尋找不出比Google含義更爲複雜的詞語來。

Google是一個搜尋引擎的名稱，所以它是名詞；Google是一種常見的網路動作，所以它是動詞；Google還是對網站地位的一種客觀評判，所以它是形容詞；去Google、Google一下，看看你的網站有多Google。在今天，Google幾乎成了人們使用網際網路的一種重要方式，用《新聞周刊》的話說，Google已經成爲一種文化，它使每個人與任何問題的答案之間的距離只有點選一下滑鼠那麼遠。

政治方面，哪個國家對各級政府的侯選提名人檢索數量達到驚人的程度的，就意謂著那個國家的人民對選舉是持著認眞態度的。

2001年9月11日那段噩夢般的日子裡，關於世貿中心、五角大廈以及CNN的檢索以幾何級的速度向上遞增。

神秘文化也占有一席之地，特別是「911」恐怖襲擊發生之後的幾天裡，法國預言家諾查丹瑪斯（Nostradamus）成爲被詢問最多次數的人，因爲有一種傳言說諾查丹瑪斯以他那奇異的跨時空感知能力，早在數百年前就預知了紐約標誌性建築之一的世貿雙子大廈的倒場。

最受歡迎品牌的產地已經實現了遍地開花，不再侷限在傳統的那幾個國家裡，諾基亞、新力、寶馬、法拉利、宜家、微軟被點選搜尋的次數都超乎人們的想像。這種品牌產地的擴散，意謂著消費文化已經開始了全球化。

環法自行車賽、溫布頓網球公開賽、世界職業棒球錦標賽都曾名列體育類條目的前10名，高檢索率證明了這些賽事引起了全世界人們的高觀注率。

而對小甜甜布蘭妮的搜尋率由高到低，不僅揭示出她受歡迎程度下降，還使Google了解到新聞是怎樣在布蘭妮與歌手賈斯汀分手時利用消息引起查詢高峰的。Google能夠立即知道這類事件以及其他更具嚴肅意義的事件的影響。

此外還有關於世界各地風土民情、物產氣候、文化典籍、餐飲文化等等方面的搜尋記錄。Google不僅是文化風景線、展示廳，而且它深入到世界各地的網路，使無處不在的Google成了文化動態的風向球、探測儀，並且它還在互動地把自己獨特的企業文化向世界傳播著。

思想顯示器

人類最寶貴而又隱藏最深的財富是思想，但是在Google總部的人類「問題」電腦螢幕上卻顯露無遺。全世界的人們都可以透過網路，向Google發出任何搜尋請求，提出各種各樣浸透你思想的問題。這些問題在「問題」電腦顯示器上倏忽閃現又倏忽消失——每秒出現兩個，一天173,000個。這些問題都是從散佈全球6個伺服器中心隨機抽取的，每個被抽取的問題分別代表1,500個問題。

當人們第一次面對這些世界各地用戶輸入的要求時，會感到無序、雜亂、不可解釋而且枝蔓橫生。但是只要靜下心來認眞研

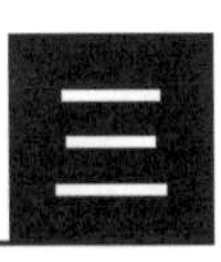

究一番之後，就會感到整個人類的思想完整地、立體地呈現在顯示器上。

來自美國東海岸傳統工商業區的查詢充滿了商業氣息，那都是些關於軟體升級、金融工具、商業諮詢等方面的搜尋請求；而來自美國西海岸的問題，大都是帶有濃厚學生色彩的期中考試、研究論文以及小甜甜布蘭妮的查詢要求。同是美國，大陸西邊太平洋沿岸和東邊大西洋沿岸人們的思想有著如此之大的差異！

再看看Google總部服務臺後那個叫做「即時搜尋」的投影顯示的檢索詞條。那些不斷滾動出現又不斷刷新的詞條有英文、有中文……凡是Google所支援的86種文字的每一種都可能隨時出現：

思想和詩歌（法文：浪漫的法蘭西詩人頭腦中的冷靜與熱情）；哈利．波特（英文：崇尚自由的孩子在想像中任意飛翔）；巴西技術標準協會（葡文：文字上還帶有被殖民的色彩，勤勞的巴西人又在制定嚴格的標準了，是關於足球的嗎？）……

接連不斷的辭彙，把每個發出查詢要求的人的思想都袒露出來：不應該嫁（娶）的人……「她吸了一支雪茄」……長島的馬鈴薯先生……虜獲女人芳心的語言……汽車詐騙基本知識……一直盯著看下去，把每個人的每一個想法都組合在一起，人類的集體意識便與你的心靈在悄悄對話。

Google把這些詞條都儲存進了資料庫，為人類的思想拍下了照片，並彙集成冊，然後再進行統計分析。地域和種族的差別，使人們的思想方式各具特點，可是從不同的區域，卻在相同的時間裡，總有相同的想法輸送過來，包括對世界和平的關注、名人的各方面了解以及新產品、新科技的查詢，還有人類生存繁衍最基本的衣、食、住、行和性。

臭蟲問題

Google透過網路把世界縮小放進了它的記憶體，又透過網路把自己放大充滿了世界。但是Google引以為自豪的技術也並非無懈可擊，風頭正勁的搜尋引擎Google最近就有了一些小小的麻煩。在早些時候，Google為了不讓垃圾資訊發送者透過攻擊Google搜尋演算法的漏洞提高自身網站的排名，達到發送垃圾資訊的目的，而採取了一些措施，卻沒有想到這一做法產生了「副作用」——它的搜尋引擎因此存在了一個討厭的「臭蟲」（Bug），使得數以千計的合法搜尋結果被過濾掉了。

在Google遭受的攻擊中，有許多是來自被稱為「網站優化」的一個新興產業，透過「優化」網站使得網站在搜尋結果中排名能夠提前。收取費用後「優化師」對網站略施小計，就可使其名

次大幅上升，其中最知名的是PageRank。Google大概使用了100餘種防範嚴密的演算法進行搜尋，因此要在Google面前表演成功，優化師需要十分了解這些搜尋的工作原理。而每個月Google都要更新一次索引和演算法，業界戲稱「Google之舞」。但對優化師的系統來說這舞蹈就好比一次次噩夢，Google和優化師之間也曾因後者基於PageRank優化排名問題而對簿公堂。

Google裡面存在「臭蟲」，並不代表它不是當前搜尋技術最好的搜尋引擎。以Google爲代表的第二代搜尋引擎並非盡善盡美，可搜尋的檔案格式單一，一般只能查到HTML格式，而像ppt、word、PDF、電子郵件等檔案它就無能爲力了。

第二代搜尋引擎還存在結果不夠十分準確的問題，它在大多數情況下無法確實向使用者提供答案，而是只能列出可能含有價值資訊的一串網頁鏈結，有時返回的上萬則資訊中，眞正符合要求的只有寥寥幾百則，甚至幾十則。或者還有這種情況，在某個搜尋引擎鍵入著名歌手「騰格爾」，不僅可能檢索出幾個不知幹什麼的外國人，還有可能檢索出「騰格裡」沙漠來。因此只好把所有鏈結都打開，用人的大腦再從相對減少了許多的資訊裡過濾出有用的相關材料。

另外，還有「搜不著」和「搜過頭」的問題。雖然號稱「無所不知」，但事實上Google根本無法做到這一點。儘管其目前能搜尋到80億個網頁，但這只不過是整個網路資源的一半。不僅如此，人類社會的大部分知識迄今為止仍被記錄在書本當中而未上網，這不可避免地會形成「Google黑洞」，即透過Google永遠難以搜尋到它們。另外一方面，又有人批評Google能找到的東西太多了，當今時代，由於越來越多的公開或半公開信息被公之於網路上，這使得人們搜尋這些資訊的速度大大加快。法庭審判案件、員警抓捕犯人、報紙上發表的奇談怪論等等，所有這些資訊積累起來數目極為龐大。以前要搜尋它們需要花費大量的時間和精力，而現在只需在Google的搜尋框中鍵入一個關鍵字，0.2秒鐘之後便會得到與之有關的大量資訊。然而，由於許多網站鍾情於商業交易而非傳播知識，這使得用戶搜尋到結果往往多為無用資訊。比如，鍵入「flowers」（花）這個字，超過90%搜尋結果卻是關於florists（種花人）的資訊。

應用不符合個性化，搜尋過程不夠智慧化，這些缺點都是存在的，因此整個網際網路都在期待著下一代搜尋技術早日成熟。作為搜尋引擎火車頭的Google，也不甘心只捉幾隻「臭蟲」，而正在雄厚的人才資源和技術背景的支援下，加快研發下一代更快、更準確、搜尋能力更強大而且更聰明的搜尋引擎！

美麗新世界？

越來越多的人開始擔心，Google超強的資訊搜尋功能會使人們的隱私受到威脅。尤其在美國這個電子網路高度發達的國家，姓名、出生年月、電話號碼和住址等個人資訊的洩露，很可能被別人用來盜用信用卡、銀行帳戶等。

特別是Google宣布推出Gmail以後，更是引發了一場資訊時代隱私權問題的大討論，涉及範圍之廣、爭論之激烈更是讓人始料不及，一個名爲國際隱私組織的機構半個月中收到了16個國家對Gmail的投訴，都聲稱其違反了關於隱私權的法律。

在一片衆夫所指的反對聲浪裡，國際隱私組織向英國皇家資訊委員會遞交了針對Gmail的控訴，表示Gmail服務不允許用戶刪除自己的郵件資訊，而是繼續將這些資訊保存在伺服器上，這一點違反了歐洲的隱私權法律。「Gmail電子陷阱」、「歸傳統文化的挑戰」等各種指責不絕於耳。更有甚者，有人提出這根本不是什麼商業問題，而是法律、權利乃至更大的人類問題。一位美國參議員對此情緒激動，振臂高呼：「這是對聖潔的個人通訊隱私權空前的入侵！」

鬧得沸沸揚揚的「隱私權」起因是因爲Google和其他的Web郵件服務商一樣，會經常備份伺服器的硬碟，這意謂著你的郵件會被保留在備份磁碟中，而你還以為他們已經被你刪除了。在Google的隱私條款中，Google承認，「即使用戶刪除了郵件或者郵件帳戶已被註銷，相關的郵件備份依然會被保留。」同時，Google在顯示郵件的同時，也會顯示與郵件內容相關的廣告。

在Gmail裡，用戶根本沒有辦法去主動保證郵件的安全性，只有去信任一臺自己無法控制的電腦的安全措施。而且，Gmail 1G的巨大儲存空間，足以將你20年來的隱私都存放在網上，而所有的防護措施只是一個可憐的密碼。千萬不要相信那些網路巨擘們不會出安全紕漏。

1999年8月，微軟Hotmail系統中的一個版本漏洞使得500萬個帳戶的郵件向所有人公開，他們甚至用不著鍵入密碼就可以把你的所有檔案一覽無遺；雅虎也曾發生過這種令人尷尬的郵件系統漏洞。

面對就像Google自身一樣無所不在的安全性能懷疑以及隱私權可能在Gmail掃瞄時洩露的疑問，Google在服務條款中聲明，他們的伺服器會在無人工干涉的情況下自動掃瞄郵件內容，但「不會有任何郵件內容或個人資訊被提供給任何廣告公司。」Google信誓旦旦地宣稱將「提供最高級別的安全防護」。Google的工程部副總裁對媒體說：「我認為我們公司不會去做那種邪惡的事。在

用戶的隱私問題上，我們的態度嚴肅而認眞。公司內部有非常嚴格的規章，任何人都不能接觸用戶個人資料。如果我們在處理用戶個人資訊上犯錯誤，將會嚴重地傷害到Google的聲譽，我不認爲這種事會發生。」

在衆多的抗議、指責和懷疑的聲音裡，也有持相反意見的人，有的網友就發布了這樣的言論：「在我看到新聞稿的5分鐘後，我就註冊了Gmail。對於嚴肅對待電子郵件的用戶來說，Gmail的意義如同網景之於網際網路。」還有「Google在誠心方面是一流的公司，我確信它的電子郵件平臺將非常傑出，1G的容量讓人匪夷所思，Google將贏得這場戰爭。」更有一些人宣稱：「在網路上哪有眞正的安全與隱私，那些免費和收費的信箱其實都有過濾功能，我們正用的郵件從開始到現在哪封沒被『偷看』過，爲什麼偏偏要對Gmail如此苛刻。」更有人乾脆認爲用隱私去換一個1G容量、創新操作、時尚前衛的Gmail免費信箱，簡直太划得來了，再說網上最起碼有一半以上的個人資訊都是虛假的，對此還保護什麼所謂的隱私。

吵歸吵，罵歸罵，在部落格論壇裡幾乎所有的網友都在詢問，怎麼樣才能得到Gmail的免費帳號，而且Gmail帳號早已被人搶訂一空。本來免費的Gmail帳號在eBay居然被炒買炒賣起來，最高竟拍賣到近千美元。

人們臉紅脖子粗地激烈爭論一番後，卻什麼結果都沒有，甚至有的人剛剛罵過之後的就去搶Gmail了，Google依然如故地無處不在。

第四章

經營理念

Google以功能強大的搜尋引擎，橫行於網路世界之中。全盛時期，全世界瀏覽量最大的4個網站中，3家採用了Google的搜尋技術，80％的Internet搜尋是透過或使用Google技術的網站完成的。在上個世紀90年代網路泡沫破滅之後，一片低迷的矽谷中，Google成了一道奇異的、充滿生機的風景線，它的神話一般的成長歷程，正是得益於獨樹一幟的經營理念。

創始人不居首

一個企業，創始人出任總裁不僅是天經地義的事情，而且成爲國際商界的慣例，特別是在Internet經濟發達的今天，各種各樣的網路公司如同雨後春筍一般的湧現出來，往往是幾個志同道合、擁有電腦和網路技術的人聚在一起，搞一個創意、開發一項技術，就註冊成立起一家公司，而發起者自任掌門人已是普遍現象。

Google的創始人佩吉和布林，憑藉著出色的網路搜尋服務，使Google的名聲在網路世界裡如日中天，卻把董事長和執行長的職務讓給了沒有參與創業的另外一個人。

當2000年Internet泡沫經濟破滅，科技股跌入谷底再也反彈不上來，矽谷進入漫漫嚴冬之時，面對著嚴酷的現實，佩吉與布林兩個人都深刻體會到只有在一位具有豐富經驗的職業經理人的帶領下，Google公司才能保持健康持續的發展。在認眞考慮和篩選下，施密德進入了他們的視野。

施密德擁有電腦博士頭銜，是昇陽公司的前任技術長，有著深厚的技術背景。同時，施密德還曾在網路產業先鋒Novell公司擔任4年的執行長。「他對Internet的發展前景有著深厚的技術背景和廣闊的視野，我們正是需要這樣的管理人才。」佩吉表達出對施密德能力的充分信任。

2001年3月，施密德在一片肅瑟的矽谷中，隻身一人來到了Google總部，擔任了公司董事長。在這個期間，無論是AltaVista，還是Lycos、Infoseek和雅虎，幾十家知名的網路公司都陷入了網路泥潭中舉步艱難，他們企圖建立搜尋引擎一統天下的幻想也像五顏六色的肥皂泡一樣破滅了。因此人們都用懷疑的眼光看著施密德加盟Google，很少有人相信這家搜尋引擎公司能夠實現贏利，即使當時Google已經擁有相當出色的技術，但沒人發現搜尋引擎有什麼賺錢的途徑。

如果說佩吉和布林利用研究專案開發出的BackRub技術創建Google公司，是邁向成功的第一步，那麼讓位於施密德便是走向輝煌的第二步，正是因為施密德以他先進的管理經驗和非凡的能力，使公司業績一日千里地向前發展。施密德雖然年紀可以成為兩位年輕創始人的父親，但在經營理念和企業文化上還是認同了Google的特立獨行，這成了他與Google緊密合作的基礎。

施密德就任Google董事長後，大展拳腳，Google的發展勢頭更加不可阻擋，對比之下佩吉更感到自己的管理潛力有限。在施密德加盟Google 4個多月後，佩吉乾脆把執行長的職位也讓給了他，在以後的日子裡，施密德一直身兼董事長與執行長這兩項重要的職務。

被Google企業文化同化的施密德，在上市之後於2005年5月被任命爲公司執行委員會主席，辭去了董事長，爲了Google上市與發展，公司的最高職位正虛席以待，讓位給那些更加促使Google發展的人才。而且經驗也證明，大企業執行長與董事長兩個最重要的角色最好由兩個人分別擔任，才能夠互爲補充、協調發展。

專注於由小而大

Google從美國矽谷的繁榮與衰落中得到了兩條極有價值的經驗：一是在條件不成熟時公司不要急於上市，另一條就是把精力集中於一點上，就是要堅持做好搜尋業務。「一些網路搜尋公司總是試圖在同一時間做很多事情，他們幾乎把自己的本行都忘記了。」Google正是在別人忽視搜尋業務時，透過先進的技術，把這一個局部加以放大，取得了成功。

其實，搜尋技術在電腦領域應用非常廣泛，只要有電腦處理資訊的地方就有搜尋技術的應用。網路搜尋技術一般都稱之搜尋引擎，是幫助Internet用戶查詢資訊的工具，它以一定的策略在Internet中搜集資訊、發現資訊，並對資訊進行理解、提取、組織和處理，並爲用戶提供檢索服務，起到資訊導航的作用。

但是在早期的Internet上，搜尋引擎不能提供類似於今天的搜尋功能，而是像目錄一樣只能起到檢索作用，它把Internet中的資源伺服器的位址收集起來，由其提供的資源類型的不同而分成不同的目錄，再一層層地進行分類。人們要找到自己想要的資訊，就得按它們的分類一層層的進入，這種原始的搜尋方法只適用於資訊不多的時候，如果資訊多起來，搜尋起來既費時又費力，而且在經濟回報上又少得可憐，這正是許多網路企業對搜尋技術冷落的重要原因。

佩吉和布林卻從中敏銳地發現了搜尋引擎的發展潛力，因爲純粹上網衝浪的人從數量上來說並不是很多，而更多的人上網的目的是爲了搜尋資料，在資訊爆炸的今天，人們極需一種快速有效的搜尋工具。因此就在許多從事搜尋引擎技術的企業改行轉做入口網站業務的時候，他們仍在搜尋引擎上大下工夫，精益求精。

那時通用的搜尋引擎已經應用資訊全文檢索理論，即電腦程式透過掃瞄每一篇文章中的每一個詞，建立以詞爲單位的排序檔案。檢索程式根據檢索詞在每一篇文章中出現的頻率和概率，對包含有這些檢索詞的文章進行排序，最後輸出排序的結果，就是找到那些文章中最容易出現，而且出現次數最多的詞。除了全文檢索系統外，還要有所謂的「蜘蛛」系統，這種系統能夠從Internet上自動搜集網頁的資料，然後將搜集到的網頁內容交給索引和檢索系統處理，再透過檢索結果的頁面生成系統，迅速地生成可以在瀏覽器中觀看的頁面。

搜尋引擎從原始到現代，十年來取得了快速發展，Google的出現帶來了更爲深刻的變化，與一般現代搜尋引擎使用的關鍵字或代理搜尋技術不同，Google技術是建立在高級的網頁級別技術基礎之上，依據鏈結到一個網站網頁的多少來判斷該網站的重要性以及它在搜尋結果列表中排列位置的前後，而不是按照輸入關鍵字的多少排序，從而保證了把最重要的資料優先提供給使用者，解決了搜尋結果不分主次胡亂雜陳的局面。

搜尋引擎技術的飛速發展與功能的日益強大，使其成爲Internet上衆多應用的核心技術，要在未來的Internet上實現宏大的電子商務或網路服務戰略，離開搜尋技術是難以想像的。搜狐副總裁王建軍一語道破——「搜尋是一個戰略性產品。」還有人評價說：「搜尋是Internet的心臟，是通往資訊世界的鑰匙！」

佩吉和布林沒有急於四面出擊，而是對搜尋引擎這一網路「局部」加以放大，一心一意地提升自己的核心競爭力，終於領先一步，使Google成為全球最大的搜尋引擎企業。現在Google幾乎完全控制了整個搜尋市場，它把智慧化的演算法、極為活躍的「蜘蛛」和上萬臺伺服器有機地結合起來，以極高的傳送效率，及時而準確地提供哪怕是最稀奇古怪問題的答案，成了高科技中萬能的神話。

提供「免費的午餐」

Google最令人瞠目結舌的經營舉動是為人們免費提供容量高達1G的電子郵件信箱。當人們在2004年4月1日聽到Google將推出Gmail這種新型郵件服務時，沒有一個人相信這是真的，都認為不過是愚人節的一個搞笑節目而已。Gmail——1G的大容量；乾淨簡明的介面；免費的服務；自動化的管理；Google式的搜尋功能……好處簡直是說不完，難怪人們不相信這道「免費的午餐」。

Gmail真的是免費的午餐嗎？瀏覽一下就會發現Gmail給人最深刻的印象就是容量大而且免費，其次便是與其他信箱有著明顯的不同之處——Gmail沒有郵件檔案夾，取而代之的是由用戶自己給郵件加上標籤。這是一個加以改進的設計創意，同一封郵件可以加上多個不同的標籤，使分類管理更加方便靈活。並且透過對來信者姓名、來信主題、來信內容等過濾，達到細劃分類，大大提高了閱讀郵件的效率。對郵件內容的分類過濾還能把包含相同或類似內容的郵件歸入同一目錄之下，即使是由不同人發送的內容相似的郵件也能照樣辦理，從而使郵件的管理存放更加合理與準確。

Gmail信箱也同Google搜尋主頁一樣，搜尋欄放在最醒目的地方。乾淨樸素的文字介面，沒有多餘的圖示、動畫，更不會有彈出式的廣告，所有的只是自己設定的分類標籤和簡潔明瞭的文字。

這麼好的Gmail是免費的，這種好事人們以前連想都不敢想，可這確實是真的。但是，吃「免費的午餐」雖然不必付錢，但另外的代價一定是要有的。使用Gmail免費信箱的代價就是每一封郵件裡都可能有廣告，如果你在郵件裡提到了「運動」這個詞，就會有關於運動裝、運動鞋、運動飲料和各種運動組織的資訊；如果郵件中有「用餐」這樣的詞，那麼就會出現就餐優惠券、各個餐廳的廣告資訊。

Gmail是如何知道郵件裡的有關內容的，這個疑問的答案就是

Gmail「偷看」了你的電子郵件。在現實中，私拆偷看他人信件是違法行爲，而Internet上這種行爲也是不允許的，但是Google卻很輕鬆的表示，Gmail的廣告方式與所有郵件篩檢程式一樣，都是自動化掃瞄，沒有哪一個員工能夠介入其中，機器是不會「偷看」信件的。由此，在美國、歐洲甚至世界的各個角落，都有人參與了一場關於「網路隱私權」激烈熱鬧而又沒有結果的爭吵。

無論如何，Google的Gmail免費信箱在掀起軒然大波的同時，也以大容量、多功能等優越性能吸引了人們的眼睛，不僅是網友，還包括了廣告公司。「免費的午餐」眞正吃飽的，就是Google。

打造新經濟模式

Google在搜尋引擎的研發運用上一馬當先，不僅在技術上領先所有的對手，而且在經營運作上也獨闢蹊徑，找到了別人難以發現的生財之路，首開「搜尋力經濟」新模式。

Internet剛剛興起之時，以寬廣的諮詢資源吸引了人們的眼睛，於是「注意力經濟」、「眼球經濟」應運而生，但是隨著網路泡沫的破滅，爭奪用戶「眼球」的這一步後繼無力。如果沒有獲利，Internet的存在就難以維繫。在這個生死存亡的關頭，是簡訊拯救了網路，它將「眼球」變成了「拇指」，將被動變成了主動，飄忽不定的「注意力」開始鎖定目標，入口網站也重獲生機，「拇指經濟」就此應運而生。

但是，簡訊畢竟不是Internet，依靠電信的模式無法成爲理直氣壯的Internet產業，簡訊只不過是借了Internet來發展壯大，核心並不在Internet的手裡。網路經濟在廣告、簡訊、遊戲等幾個有限的領域裡生存著，高科技先進的生產力似乎沒有了用武之地。

就在Internet處於進退維谷的時候，Google厚積薄發異軍突起，運用先進的技術將搜尋向前推進一步，把「注意力」轉化爲「吸引力」，把「拇指」上升爲「十指」，將漫無邊際的目標客戶牢牢鎖定在關鍵字裡，解決了上百年來行銷業、廣告業面臨的實際到達率這個大問題，從而成爲技術改變商業模式的典範，並且搜尋實實在在是土生土長的Internet產業。Google做出的貢獻，還在於使Internet進入了第二個階段，特徵就是由用戶被動的被吸引，轉變爲主動地去搜尋，網路經濟也經過了泡沫、失望、理性、成長的痛苦過程，進入了一個新的發展階段。

Google、Overture、百度、慧聰，都憑藉大海撈針的技術，從Internet這個「眼球經濟」裡網到了大魚。Google使「搜尋力」成爲一種經濟形態，改變了傳統生產力和生產關係的構成，打造出了一種嶄新的經濟模式。

「搜尋力經濟」代表著模式的改變，由此Internet和商業的價值合流，直接走向目標用戶。電視廣告、報紙廣告經過多年的苦心經營，目標客戶還只是一種模糊和籠統的難以確實界定的人群，而Google將目標客戶直接地縮小，或者也可以理解爲放大到了「關鍵字」級別，以「關鍵字」爲特徵的搜尋力經濟已經不只是網路廣告的核心，而且還必將是未來網路電子商務的核心。搜尋不僅僅是一個產業，它還將Internet的幾大支柱串聯起來，形成了一個有機的整體。

Google依靠它卓然超群的技術和經營理念，發動了一場網路經濟模式的革命，如果說法國大革命時代是「自由引領人們」，那麼現在正是由搜尋引領著Internet的現在和未來。

靈活處理競爭與合作

在網路經濟低迷徘徊的時期，Google的成功引起了巨大的迴響，一時間成了網路中最集中的熱點話題。Google的成功不僅是源於技術的突破，更是依靠超群的經營理念。

圍繞著搜尋引擎，Google的廣告業務飛速成長，這不能不引起包括微軟、雅虎等網路產業巨擘的警覺，一場圍繞著爭奪搜尋引擎技術制高點的競爭在所難免。面對著幾乎是整個產業的競爭壓力，Google未雨綢繆，採取了既合作又競爭的靈活策略。

Google作爲一家提供網路搜尋技術的企業，與許多網路公司都有著合作關係，雅虎、網景、網易等大入口網站使用的都是Google的搜尋引擎。

Google與雅虎的合作最具有代表性。在Google剛剛起步的時期，雅虎曾投資Google，爲其起飛添注了活力，並且在2001年還與Google簽訂了一項價值710萬美元的合約，承認Google爲雅虎「唯一指定」的網路搜尋服務提供商。但到了2002年10月，雅虎與Google續簽的協議中，卻去掉了「唯一指定」的字樣，這就表示雅虎保留了可以隨意選擇別家搜尋引擎公司的權利。雅虎對Google的戒備之意在此表露無疑。

與雅虎相比，微軟更顯得咄咄逼人，比爾·蓋茲曾揚言要收購Google，在遭到拒絕後，微軟將開發搜尋引擎納入了開發日程，現在已有70多名工程師在研究搜尋技術，並計畫把研發人員增加3倍，他們將網路瀏覽器整合到MSN以及2006年即將面市的名爲「長角」（Longhorn）的全新作業系統中。微軟MSN網路服務總監莉莎·居禮女士說：「我們把搜尋看作是我們業務中一個至關重要的環節。」表明了微軟將在搜尋引擎方面決心把Google趕下霸主地位的決心。

在這場搜尋大戰中，IBM、亞馬遜等多家公司都被捲了進來，各路網路英雄都在躍躍欲試。

面對山雨欲來風滿樓的局勢，Google一方面保持低調，採用了韜晦之計，布林在一次採訪中公開表示：「我們沒有宏偉的計畫。」強調Google「喜歡伺機而動。」另一方面爲了不步網路先鋒網景被微軟圍剿攻擊一潰千里的後塵，Google從各個方面著手，提前做好充分的準備。

Google除了上市，增強自身資金實力，擁有便於與微軟等網路巨擘們周旋的資本；大力開拓海外市場，擴張規模，形成集團優勢等一系列經營措施之外，更在技術方面做了大量的工作。爲了免於落入微軟的「鏡像」陷阱，擺脫對手們在技術上的追擊，Google在產品差異化方面下足了工夫，先後併購了Blogger和Applied Semantics兩家搜尋引擎企業。Blogger幫助人們建立自己的網路日記，個性化的Blogger使得每個用戶終端顯示不同的頁面、不同的內容、不同的廣告，可以使鏈結更有針對性。而Applied Semantics甚至能夠分析用戶在Internet上所搜尋過的內容，爲客戶量身訂做廣告。

鑑於微軟的強大，爲了避免被動，Google還發動了一場「防禦性攻擊」，推出了免費個人電腦檔案搜尋軟體，用戶可以直接在桌面工具列輸入框內鍵入檢索關鍵字，對個人電腦中存放的內容進行快速檢索。Google這一舉動，一方面是爲了防止微軟故技重施，透過在Windows作業系統上捆綁免費的類似功能來擊垮自己。因爲當初微軟就是靠在Windows作業系統上捆綁免費Internet瀏覽器，把當時最紅的「網景」瀏覽器硬生生地擠出了市場。另一方面，Google希望借此將競爭引向微軟臺式電腦的大本營，從而遲滯和削弱微軟向自己發起的進攻。

Google做好了一切準備，擺出了依託搜尋，八方開拓，將搜尋進行到底的姿態。

第五章

獲利模式

Internet的建立不僅是資訊技術的一場革命，而且催生了網路經濟，可是在網路經濟剛剛隨著Internet的興起而繁榮起來的時候，搜尋引擎並沒有引起當時網路公司們的注意。Google沒有受到網路公司轉型上市套取資金的影響，反而在技術上苦苦索求，以提高自己的核心競爭力，終於成爲全球最大的搜尋引擎，獨闢蹊徑地把源源不斷的查詢量變成了持續不斷的財源。

不像廣告的廣告

在創業初期，佩吉和布林就對Google堅信不移，這種信心來自對未來的展望——二十一世紀必將是資訊社會，Internet正是因此而出現的，搜尋技術是資訊交流的一大途徑，因而搜尋引擎業務必然有利可圖。但是，如何開發這塊蘊藏豐富的領域，將搜尋技術化爲經濟利益才是最重要的關鍵點。

Google沒有追求網路泡沫的浮華與喧囂，而是苦練內功，在技術上精益求精，終於以領先對手幾年時間的搜尋引擎在網路世界裡成就了非凡的業績，財富也如同密西西比河水一般湧進了Google。

Google獲得經濟回報最重要的一條途徑就是廣告收入，贊助搜尋、在其他公司的網頁中插入目標廣告等多種形式，使廣告收入達到了Google搜尋引擎營業收入的90％以上，應驗了布林「我們相信廣告必須與用戶的搜尋內容有關」的這句話，而這句話恰恰是Google廣告創意的基本點。

正是基於「與搜尋內容有關」這一理念，Google可以在你想不到的任何地方做廣告，每次搜尋後出現的兩行相關文字就可以作爲廣告出售。而且Google的廣告都是便於編輯的文字廣告，安放在搜尋頁面的右側，最多只有8個。這種文字廣告，與相關的搜尋結果結合的水乳交融，看上去就像是搜尋結果的一部分，在不知不覺中給用戶留下了深刻的印象。

與那些色彩繽紛的橫幅廣告、動畫廣告、彈出式廣告相比，Google的純文字格式的廣告怎麼看也不像是廣告。而這又是Google的高明之處，因爲這種形式，不僅保持了Google一貫的樸素簡潔之美，而且不打擾用戶的閱讀，不增加用戶在搜尋時載入畫面的時間，保持了良好的形象，因而也受到了廣大用戶的歡迎，點選率居高不下是情理之中的事情，而高瀏覽率恰恰又是贏得廣告客戶的無敵利器。

當別的網站費盡心思把廣告與搜尋結果混在一起，強行塞給用戶的時候，Google卻刻意地把所有的廣告文字單列出來，並且用有區別的顏色特別注明爲「贊助商鏈結」，以提醒用戶加以區分。這種做法受到了某些廣告公司人的嘲笑，說只沒有商業頭腦的笨蛋才這麼做，可是「沒有商業頭腦」的Google廣告的點選率，卻是整個產業平均水準的4～5倍，而且還在一直獲利。

技術授權

在幾年的時間裡，Google創造了一個網路時代的奇蹟，從一家默默無聞的小公司成爲美國乃至世界搜尋引擎的旗艦，現今全球75%以上的網上資訊搜尋是透過Google來完成的。正如惠普、愛普生象徵著印表機，可口可樂代表了軟飲料一樣，Google成了網路搜尋引擎的通用標誌。

Google以其巨大的覆蓋範圍、強勁的搜尋功能以及準確的查詢風靡了網路世界，正是憑藉這些本領，贏得了越來越多用戶的青睞，就連它的一位競爭對手都坦然承認：「毫無疑問，Google是這一領域的領導者，其技術遠遠超過了我們。」

強大的搜尋技術優勢，使Google又打開了一道納財的大門，它向眾多的網站提供搜尋服務，這是Google獲益的一個重要途徑，也是作爲搜尋引擎服務商的立身之本。Google從一開始就專注於在網路搜尋技術上做深度開發，提高網路搜尋的效率，從而確保它提供的搜尋引擎服務質量，佩吉認爲：「搜尋永遠都是網路最需要的。我們唯一要做的就是把Google打造成最成熟、最完善的搜尋引擎。」

Google爲包括美國線上（AOL）、雅虎（Yahoo!）等入口網站提供搜尋引擎服務，快捷準確的搜尋以及Google良好的品牌效應使這些企業獲益非淺。美國線上由於採用了Google，其搜尋用戶量上升了三分之一。美國線上自己也承認，至少其中一部分成長的用戶量應歸功於在自己的網址上展示了Google的標誌。在提供搜尋技術的同時，Google還向各大企業公司銷售自己的搜尋硬體產品，使這些企業公司能在公司內部網中方便快捷地完成搜尋任務，從中Google又開闢出了一塊財源。

目前，網景、網易、思科、寶潔、華盛頓郵報和美國能源部等130多家大公司和網站使用Google的搜尋技術，Google則按照搜尋的次數來收取授權使用費，對比傳統的讓服務物件一次性結清使用費用，這種結算方式更受歡迎。

根據有關統計，用戶在網站上平均停留時間雅虎（Yahoo!）爲10分鐘、美國線上（AOL）爲11分鐘、Google爲24分鐘，不僅瀏覽時間名列前茅，而且再考慮到後臺引擎因素在內，就能發現Google在搜尋市場上所占的占有率是如何的巨大。

Google的技術授權費，大企業爲實現自己的資訊搜尋最多要付50萬美元，而中型企業只要付2萬美元就能夠使用Google的搜尋。僅僅技術授權一項，Google單季就能進賬幾百萬美元。

點選率排名法

資訊搜尋如今已成爲僅次於電子郵件的Internet第二大應用，不僅處理浩如煙海的資訊，而且每年還在產生數以億計的效益，對加快網路經濟的復甦發展起到了不可斗量的作用，在這個過程中，Google實在是功不可沒。

搜尋引擎從起初的最爲原始目錄式走出後，都是依據某個單詞在網站上出現的頻率來羅列搜尋結果的，但是Google的創始人佩吉與布林認爲，更重要的因素應該是依據網站的相關程度和鏈結到這個網站的其他網頁的數量，這就是PageRank新演算法。這種演算法不僅考慮Web網站上的標題或文字，還根據流出和流入頁面的超鏈數目，進一步算出每個頁面的PageRank値，從而確定頁面的重要性與排序的前後。這一方法是搜尋引擎技術發展史上一個非常重要的突破，搜尋引擎的商機從此出現，並且日益發展壯大起來，直至成爲網路經濟中成長最爲迅猛的經濟成長點。

Google就是依靠這項突破性的技術成長起來的，而且與過去搜尋引擎頁面提供的競價排名方法相比更加公正合理。競價排名服務的代表是Overture（序曲）和百度，即在同一關鍵字的搜尋下，誰出的錢多誰的網站排名就靠前。對於Google來說，這一切都被客觀地交給了PageRank來自動完成。各家公司是否榜上有名，排名是否靠前，那是公司自己是否努力的直接表現，Google不會介入其中。

在此基礎上，Google又在自己的搜尋引擎上裝添了AdWords軟體，這種軟體當用戶輸入搜尋詞時，可以啓動相關頁面的廣告資訊，廣告公司根據用戶點選廣告鏈結網站的次數來向Google付錢。如果用戶從newyorktimes.com網站上閱讀了關於紐約馬拉松賽的消息，AdSense便可以提供有關運動飲料、跑鞋等廣告資訊；如果用戶輸入的詞是「婚禮」，那麼搜尋頁面上就會相應的出現婚紗、婚禮網站的廣告。當然這些廣告都是純文字的方式，安置在相關搜尋頁面右側的空白處，並用特別的顏色標示「贊助商鏈結」，這種設置方式絲毫不影響使用者閱讀搜尋出的資訊。

敏感度高的廣告公司馬上發現了這種廣告方式的優勢，與傳統廣告相比，有效解決了到達率的難題。因而這種網路廣告服務機制一出現，就吸引了許多廣告公司的青睞，確保了把廣告送達他們選定的消費者群，用不著花冤枉錢。廣告公司支付搜尋引擎公司的廣告點選費用，按點選率每次由5美分到50美元不等。

計費參數

神奇的點選率給Google帶來了可觀的收入，成爲它最主要的賺錢方式，但是價格卻是千差萬別，經常弄得客戶一頭霧水。其實，Google的計費方式很簡單，主要是依據四個參數制定的。

Google網站實行的是按點選收費，不點選不收費。構成每次點選價差的在於關鍵字的選擇。

四個計費參數的第一項爲每次點選費用（CPC），即每一次點選的價格，其範圍從2美分到100美元不等，主要考慮因素爲客戶選擇的關鍵字的熱門程度、推廣語言和目標客戶區域，Google據此不同而確定標準。

第二個參數是每天點選次數（Clicks／Day），這個參數關鍵在於客戶選擇的關鍵字由於熱門程度的高低而產生每天點選次數的差異，比較冷門的關鍵字每天被點選的次數就比較少；而像「電影」這個關鍵字，每天最高點選次數達到了令人吃驚的1,900次以上，即使按照最低的每次點選5美分計算，每個月的價格也將超過2萬美元。用戶在Google上做推廣時，經常考慮的就是自己的預算、希望達到的效果和推廣時間，實際上都與這個參數有關。另外，在以包月模式推廣的服務商那裡，往往還會限定每天的點選次數。

第三個參數是排名位置（Average Position），這個參數的靈活性很大，對客戶的報價戰略有著很深的影響。廣告排名越靠前，影響也會越大，但是想得到好的排名，也並非一定要出高價錢。

在Google上沒有競爭的情況下，其每次點選費用是很低的，大多數的關鍵字每次點選的費用爲5美分。但是，如果有競爭，想得到好的排名位置，客戶就需要提高預定的每次點選的費用，直到排到想要的名次。而且，還要看首頁的廣告數目，因爲在Google的頁面上，一次最多可以出8個文字廣告，所以當客戶想排到首頁時，如果此頁廣告數目在6個以下的話，就盡可以用最低的價格去排名，也是可行的一種選擇，絕大多數時會成功。但是有新的廣告投放進來，排名就會難以保證了。

第四個參數就是每日成本（Cost／Day），所包含的是Google每天在推廣這些客戶廣告時所產生的費用總金額。

爲了使客戶更加方便的使用這項服務，Google推出了包月服務及專家推廣兩種方式。其中包月形式手續簡便，但缺點是推廣效果用戶自己是不知道和無法改進的。而專家服務則是由服務商根據客戶的產品或服務，從專業的角度從關鍵字選擇、廣告詞撰寫、每日預算的設定、如何在費用不變的情況下提高排名、如何有效的截取潛在用戶等方面提出建議，用戶擁有更高的透明度和自主權。

力求把服務做得盡善盡美的Google，在搜尋技術上眞正實現了技術就是獲利。

精打細算

雖然實力已經發展到可以威脅微軟、雅虎這些大網路入口網的地步，但Google在經營上卻細密異常，精打細算已經成爲了一種模式，帶給Google顯著的效益。

Google的「精打細算」與吝嗇不同，反而有時讓人感覺到是慷慨大方，它爲員工提供豐盛的免費餐飲，據說是佩吉和布林用電腦計算員工外出吃飯消耗的時間、分散的注意力以及重新進入工作狀態過程產生的損失，與提供餐飲的費用比較後，才做出決定的。而兩相權衡得出有利於公司的免費餐飲，後來成了Google凝聚人氣、激勵士氣的企業文化的一部分，這是「精打細算」的意外收穫。

在出賣搜尋技術時，突破傳統的一籃子收費方式，而是按照搜尋次數來計取搜尋使用費，這種「精打細算」的方式在實踐中已經被證明是一種精明的做法，能夠比一次收取費用帶來更豐厚的利潤。可是這種做法，得到了使用Google搜尋技術企業的認同，認爲這樣做更加公平合理，這種「雙贏」是經濟活動中最爲高明的策略。

另外，雖然Google頁面沒有大幅廣告，但它透過排名的方式、給企業提供行銷自己的管道，透過搜尋引擎，爭取到的其實是最爲廣大的中小型企業群體。爲此，Google還推出了專門針對中小企業客戶的軟體，使網站的經營商能夠在他們的網站上放置一個Google搜尋框，向瀏覽用戶提供搜尋結果和相關廣告。這項服務，Google又是用「精打細算」的方式，用「免費使用，按點選次數付費」的原則計費的。

Google的這種作法，很快就被中國的有識之士吸取並發揚光大。百度總裁李彥宏也將拿著Google的投資，開始針對各家企業行銷類似的廣告業務，並進行「有網有道」的全國巡講活動。同時，百度行銷團隊將隨同專家團一起到各個城市，將百度的「網路燈塔服務」帶到這些城市，幫助中小企業量身定制符合自身特點的網路行銷方案。

蠶食臨近的樹葉

把Google說成是美國網路界的一個奇蹟並不過分，它超群的搜尋引擎每天要接受2億多個搜尋請求，平均在0.2秒之內掃瞄30多億個網頁，可以對100種不同的語言進行搜尋，甚至包括了故意顚倒英語字母順序拼湊而成的行話。除了網頁之外，Google還能查詢圖片、新聞、地圖、電話號碼、股票價格、統計數字、辭彙定義，以及小到一臺縫紉機之類商品的最優價格。

具有如此實力的Google，雖然對外保持著一貫的低調，但在實際上已不甘心只在搜尋引擎上稱王稱霸，開始嘗試開拓更多的贏利點，而其策略就是以自身的搜尋技術優勢爲基點，開展性能相近似的業務。先蠶食身旁的樹葉，就近獲得補充，以使自己的實力更加壯大。

Google把搜尋業務向前延伸一下，便推出了Google News，透過過濾Internet的新聞來源，顯示任一特定主題的新聞。這是一個不用一名新聞編輯的新聞網站，其工作原理與搜尋引擎是完全一樣的，全部新聞的採集與編發都是由程式自動完成的。

對這件事，Google最早的員工之一，現負責全球銷售業務的資深副總裁奧米德·柯德斯塔尼（Omid Kordestani）說：「我們涉足新聞並不是爲了賺錢。新聞是迅速變化的一種內容，我們希望了解一下，看看自己是否能對付它。」但是，他也不排除以後會用這項業務來謀取經濟收入。

在電子商務方面，Google推出了Froggle（網上比價服務），開始向用戶提供商品檢索活動，人們可以利用這套系統來篩選網上內容，獲得線上顧客所希望購買的產品。

與關鍵字搜尋相鏈結的簡單文字廣告一直是Google創收的主力軍，爲了改變這種單一的結構，Google推出了AdSense（語境廣告），在對一些公司網站內容進行掃瞄，將廣告與某些關鍵字鏈結起來的基礎上，利用圖片、標識和其他圖形，開展更有潛力的圖形廣告業務。這項業務的收入比例已從2003年占廣告收入的15%，上升到2004年第一季的21%。

不斷創新的Google，又由它的實驗室開發推出了網路新詞語和俚語搜尋定義功能。隨後國際版的詞語定義搜尋也將新鮮出爐。用戶在進行新詞定義搜尋時先鍵入「define」（定義），然後空格，再鍵入想要搜尋定義的詞語，就會在搜尋結果中看到標注有「網上定義」的相應定義內容，如果Google找到了幾個定義，用戶就會得到一個鏈結查看完整的定義列表。

除此之外，Google還推出了電子郵件Gmail，並朝著垂直搜尋和訂閱服務方向努力，以適合軍方、政府等特定團體的需求。Google還在硬體開發上進行了嘗試，開始出售附有Google軟體的電腦，以使企業用戶可以在其內部網開展類似的搜尋服務。

Google正在試圖把餅做大，爭取把網路市場各領域的占有率都多割一點放進自己的碗中。

傻瓜也可以賺錢

Google的發展壯大，是由三根堅實的支柱支撐起來的。即獨特的企業文化、正確的經營理念和超群的技術實力。獨特的企業文化是Google發展的靈魂與原動力，正確的經營理念是征服市場的無敵利器，而超群的技術實力是不可動搖的牢固基石。

Google從未在發展技術上有一絲鬆懈。但是，在一些聰明人的眼中，Internet受寵的時候，概念比技術吃香，因此專注於技術的人看起來像傻瓜；在Internet被冷落的時候，轉型比技術更緊迫，因此專注於技術的人看起來更像傻瓜。可是，那些聰明人隨著網路泡沫風卷雲散而消失得不知蹤影的時候，技術傻瓜們卻開始在不經意間賺錢了。

Google的兩位創始人佩吉和布林是這群技術傻瓜中的佼佼者，在創業的初期，他們便自己動手，把廉價的PC電腦拆開甩掉多餘的晶片和主機板，改裝組合成Google最初的伺服器，他們不但自己設計軟體，連硬體都是自己動手搞定的，這種降低成本的做法後來被很多資訊服務公司學了過去。即使到了後來，他們還習慣把那些因爲有缺陷而被丟掉的硬碟撿回來，用軟體修復後重新使用，他們用技術實踐著把成本控制在最底線的「傻瓜行爲」。

佩吉和布林在編寫軟體的時候，非常重視程式的可擴展性，因此Google便具有了搜尋功能是隨著搜尋的增加而增強的能力，在那間車庫中沒有因爲忙碌而停止憧憬未來的布林說過：「我知道我們一定會變得無比受歡迎，有朝一日我們將處理天文數字的搜尋請求。」這句話在短短的幾年內就變成了現實，Google的日搜尋量由當初的1萬次，激增爲超過2億次，現在是當初的2萬倍。

有了起關鍵作用的Google軟體，佩吉和布林招集起來的工程師們還自行設計了一個可以在8個資料中心之間進行資訊傳輸的超級電腦，它是由54,000臺伺服器、10萬個處理器、261,000塊硬碟組成，寬厚的硬體條件使Google能夠在半秒鐘內同時對成千上萬個搜尋請求作出回答。

即使當Google長成網路世界中一株大樹的時候，仍然在技術上孜孜以求，它專門設立了一個研究未來搜尋技術的實驗室，羅列出了100多個在未來需要實驗的研究專案，50多位電腦科學博士每天都在爲那些個性化搜尋引擎、語音查詢技術等問題煞費苦心。

Google的工夫沒有白下，結出的果實便是擁有多項新技術，而且殊榮不斷，有「網路奧斯卡」之稱的Webby獎、People Voice的「最佳技術成就獎」、雅虎網路生活頒發的「最佳網路搜尋引擎獎」、美國時代雜誌1999年的「十大網路最佳技術獎」、美國PCMagazine雜誌的「技術卓越獎」以及被英國The Net雜誌封爲「最佳網路搜尋引擎」。

這些獎項除了是對Google在技術上的精益求精外，還把「科學技術也是生產力」詮釋得明明白白，Google到2000年賺到了大約2,500萬美元，員工人數超過了100名；2001年，收入又翻了4倍，大約爲1億美元；2002年達到了4.4億美元；2003年達到了將近10億美元，2004年不可思議的上衝至31.9億，而2005年預估將達到36億美元。Google的這群「技術傻瓜」居然賺得口袋鼓出了老高的一塊。

Google的成功，把矽谷「技術即利潤」這條飽含從繁榮到衰落的痛苦、又在衰落中看到了復興希望的歡樂的原則重新驗證了一番，同時也引起了諸路網路豪強對搜尋技術的重新重視，一場烽火連天的搜尋大戰即將開始。Google如何應付這場新的競爭，它的負責市場行銷的副總裁麥卡佛利充滿自信地說：「我們無法預言會發生什麼，但我們將繼續在自己的技術上投資，並保持業務重點。我們在搜尋技術上領先五年半。我們從未止步不前。」

搜尋市場「大者恆大，贏者通吃」，許多風光一時的搜尋引擎逐漸被人遺忘，全球範圍內只有那麼寥寥兩三家能夠發展壯大。在這消失與壯大的過程裡，技術水準高低起了決定性的作用。Google是其中發展最快、技術最強的一家，也是賺錢水準最高的一家。

第六章

上市之痛

在Google要上市之前，它知道作爲上市公司，仍面臨諸多挑戰，包括決策制定、領導作風、管理層結構，以及通常隨著公開上市而變化的溝通方式等。任何潛在的問題，包括Overture因付費搜尋方式而引起的訴訟，都可能影響Google的管理作風和財力。

不願上市

佩吉和布林一直把Google工作的重點放在產品開發的完善上，始終不願談上市二字。儘管很多投資者和員工希望看到Google上市，兩名創始人壓制住了這種期望，他們警告鼓動Google上市的人：「上市之後將導致公司基本狀況的調查，迫使公司多爲短期利益著想，而採用謹慎保守的戰略。」布林怡然地說：「對世界來說，這是一個非常重要的大問題。我認爲我們現在正享受這段美好時光，我們很自由也很快樂，對於未來更是充滿了信心和力量。」

布林與佩吉與英格瓦．坎普拉（Ingvar Kamprad），2004年4月一度因美元貶値而擠下比爾蓋茲，躍居世界第一的瑞典富豪，有著相同的經營情結，都不喜歡自己親手創建的公司上市，被衆多急盼著獲得更大經濟回報的股東指揮著應該這麼辦，應該那麼辦。

宜家家具（IKEA）創辦人坎普拉是因爲植根於靈魂深處的農

民意識，不喜歡自己歷經挫折磨難創立的宜家家居公司不由自己說了算。而Google的兩位創建者卻是從高科技泡沫像多米諾骨牌一樣迅速倒下的浩劫中吸取了深刻而痛苦的教訓。

在20世紀90年代，隨著Internet的建立與發展，「新經濟」泡沫以不可思議的速度擴張起來，彷彿那個虛擬世界裡到處都是黃金，在美國的各個交易所裡，高科技板塊成了投資者們追逐的首選目標，搜尋引擎與入口網站紛紛上市，Lycos、Excite、AltaVista等相繼亮相登場，在巔峰時期飆出了3位數的股價，然而好景不長，無情的價值規律使股價又以超過上升速度的速度跌至谷底，1位數的股值再也難討股民的歡心，高科技板塊轉眼之間從熱鬧滾滾變成燙手山芋，那些匆忙上市的網路公司絕大多數在無法扭轉的虧損中或被兼併，或自然消亡失去了蹤影。

1998年9月7日年成立的Google公司，是這場使矽谷至今難以恢復往日雄風的浩劫中的倖存者，並由此得出了兩個至爲寶貴的經驗，其中一條就是不要過早上市。布林和佩吉爲Google曾訂下了企業發展的「三不」原則：在條件不成熟時不上市；不增加也不亂花過多的創投；不立即收購其他企業。

即使到今天，Google已經成爲搜尋引擎的巨無霸，本來佩吉和布林仍然想讓Google呆在原地，繼續做一家舒舒服服的私人企業，不願意走進華爾街，到股市上去呼風喚雨。但是美國證監會規定，擁有超過500名股東，資產達到了1,000萬美元的公司，必須公開其商業資訊。另外，迅速崛起的Google公司也引起了同業們的注視與警覺，微軟、雅虎以及網上零售商店亞馬遜公司等都尋求發展擁有獨立知識產權的搜尋引擎，爲了應付來自四面八方的巨大挑戰與壓力，以及Google開拓國際市場的需求，因此無論是主觀上還是客觀上，公司上市都已是勢在必行。

向投資人陳明心意

佩吉和布林創造了符合其理想的與眾不同的企業文化，以其獨特的商業氛圍激發每個員工的創造性，同時不定期地給予員工免費餐食和啤酒狂歡的待遇。然而面對華爾街嚴格而苛刻的監管機制和股東回報的強大壓力，兩位創建者要維持現有體制，需要跨越重重難關。Yahoo!，這個目前對Google來說最強有力的競爭對手，已經提供了前車之鑑，它因Internet泡沫破滅而不得不進行裁員和組織重整。

爲了捍衛Google原有的企業文化，佩吉和布林費盡心思，撰寫《投資者指南》，爲即將成爲Google股東的大眾陳明經營理念與苦心，以下內容均出自Google的《投資者指南》：

＊**關於華爾街**：「許多公司因要保持投資收益與華爾街分析家

預測數字的一致，而有著很大的壓力。它們總是傾向於接受相對較小但可預測的數值，迴避那些大而難以預測的數值。瑟吉和我認爲這樣做是有害的，決定反其道而行之。」

* **關於風險收益比**：「考慮到風險收益比正在加大，我們將會大幅擴充項目遴選範圍。對那些初始投入較少的項目，將給予特別關注。我們鼓勵員工在做好常規項目的基礎上，抽出20%的時間去做那些他們認爲會給公司帶來最多回報的項目。大多數風險項目最終會流於失敗，但仍能提供給我們些許經驗。而那些成功的項目最終將成長爲高回報的產業。」

* **管理者決策**：「爲使決策過程變得迅速，艾瑞克、瑟吉和我將每日對業務狀況進行討論，並將主要精力集中到那些最重要、最緊迫的事情上面。決策通常由三人中的一人作出，其他兩人負責進行濃縮和歸納。這樣做是富有成效的，因爲我們彼此深信且尊重對方，而且我們有著相近的思考方法。」

* **雙重表決制**：「儘管對科技公司而言，雙重表決制較爲罕見，但在傳媒業中應用卻很普遍，並已體現出重要的價值。紐約時報、華盛頓郵報、道瓊、華爾街日報這些重量

級的媒體都引進了類似的雙重所有者結構。業內評論員多次指出，儘管這種雙重所有者結構容易導致季性的業績波動，但它有利於企業將有限資源集中用於有利於帶來長期回報的核心業務。」

* **Kumbaya**：「我們的目標是使Google成爲一個爲世界增添活力和效益的企業。目前我們正在著手進行Google基金會的籌建。我們將向基金會注入各種重要資源，包括員工人力和約1%的公司股本和贏利。」

不承諾股利

Google提醒投資人，正因爲他們手裡不缺少資金，因此不承諾在日後派發股利。Google的發言人表示：「本公司從未宣告或支付任何現金股利。我們目前打算保留未來的所有盈餘，無意在可見的未來派發任何股利。」

Google這樣的動作，爲即將瘋狂搶購Google股票的投資人潑了一盆冷水。不過，華爾街的分析師表示，Google目前正處於高速發展期，不分紅的表態可以有效避免股價衝過頭，從而爲未來的穩定奠定基礎。

Google的企業文化曾經頗被矽谷同業所稱道。在公司內部，上千名軟體工程師「自由散漫」。包括總經理在內，大家可以隨意穿著各種休閒服裝在辦公室內出現，甚至有人穿著直排輪鞋在辦公室內亂竄。而且，公司所有員工經常與總裁一起享用豐盛的免費午餐，有的時候還會有免費的按摩服務。就是這樣一個公司，利用短短7年的時間，從100萬美元猛增至845億美元，平均每個工作日創造1,800萬美元。

Google不僅對員工慷慨大方，給自己的投資人也提供了超級豐厚的回報。在資金最緊張的時候，布林和佩吉曾經四處尋找創投。最終他們結識了昇陽創始人之一的安迪，並在1998年以公司1％的股份從他那裡換取了10萬美元的第一筆外來投資。如今，這1％的股票市值大約在2.7億美元左右，短短6年時間，財富成長了1,350倍。

隨後，美國線上以2,200萬美元和1,000萬美元兩次投入Google，而矽谷的另外兩家創投基金也購買了Google約11％～14％的股份。目前，他們的投入都增值了數十億美元。

巨大的代價

Google是一個由技術創造的神話。而這神話般的一切，基於席捲全世界的對搜尋引擎的狂熱。但在公司成立之初，恐怕只有技術天才，才懂得它的價值所在。

搜尋引擎是一種贏家通吃的產業。因爲搜尋作爲Internet工具，一旦網友使用一種產品形成習慣，就不會主動去改變，更不會頻繁更換。換言之，搜尋服務提供商，要麼成功，要麼死亡。而決定生死的，僅僅是回應時間、檢索結果數量、排序以及鏈結等幾個指標。

Google在把通吃的觸角伸向了搜尋以外，也開設1G空間的免費信箱。而它上市後，即有充足的資金支撐這一帶有「夢幻」色彩的業務。這讓對手頓時無比警覺，因爲它一旦正式商用，將極大地侵蝕由入口網站把持的江山。而Google的搜尋工具列，一旦加上免費信箱，將滿足人們80％的上網需求。Google的下一步是捆綁即時通訊功能，這樣一個以應用爲中心的平臺，帶給入口網站的衝擊力將是具有顛覆性的。「搜尋已經改變了人們的生活，再加上信箱服務，相當規模的用戶將被分流出去，這對入口網站而言，打擊是致命的。因爲如果你預訂了新聞網站的簡訊，就可以不必成天掛在網上。」

但Google眼下需要花費精力與政府談判，消除阻力。Google最新申請書中的資訊顯示，政府機構已經開始介入Google的「Gmail」電子郵件服務。Google披露，「加州和麻塞諸塞州兩個州準備立法，可能影響甚至禁止Gmail免費電子郵件服務。」

佩吉和布林長期以來一直抵制IPO——儘管它能讓他們成爲億

萬富翁，部分原因就是上市將迫使他們向外部人士和競爭對手披露很多資訊。按照美國監管部門的要求，凡是上市公司都要做到企業資訊的公開化，公司的運作最終將置於投資人的監督之下。而對於持有企業股票的散戶來說，他們最看重的是公司每個季的贏利數字。Google上市後，股東可能會改變公司的發展目標和方向。由外行來投票決定Google的命運，這對靠想像力工作、注重創新精神的Google人來講是一件痛苦的事情，也是一個不小的挑戰。

上市也將使Google付出巨大的代價，這種變化可能還將波及企業文化。

作爲一家私人企業，Google進行新的嘗試時可以隨心所欲，儘管這種嘗試在短期內幾乎不具備商業價值。與很多美國大公司裡嚴肅古板的氣氛不同，Google的確是一個寬鬆、自由、充滿創造力的公司。員工們很放鬆，辦公室內擺放著各種玩具。公司還爲員工提供免費的食物，免費的按摩，可以打球、游泳。員工每個星期要抽出一天時間來照顧大家的寵物。這裡充滿了浪漫、天眞和自由的文化。這種工作狀態，在一些批評者看來是網路泡沫經濟的典型表現，但Google卻正是靠著這種放任寬鬆的方式，成功地將一批年輕的技術精英網羅起來，快速激發他們的創造力。

此外，與其他Internet公司的產品策略思路不同，Google一直儘量避免商業化的味道，但商業化在它上市後不排除可能被強加在產品中。避免圖片廣告蓋過學術味道，塑造了Google的獨特形象，注重客戶體驗，是其獲得高速發展和更多廣告收入的重要原因。怎樣來說服股東，恐怕也是公司今後要做的功課之一。

上市後，Google在投資者面前變得透明化，在此情況下公司的各種問題將逐漸暴露出來。比如有報導指出，創始人布林和佩吉其實並不擁有Google搜尋引擎的核心技術，也就是PageRank的專利，這項專利的擁有者是史丹佛大學，布林和佩吉只是擁有這項技術到2011年的專有使用權。業界人士還認為，Google的野心決定了它的目標是收購百度，以擁有其核心技術，而不只是今天的參股。

國際市場的生疏，也是Google的弱點之一。

Google如此年輕，上市只意謂著一個新的起點。而對身後群雄環伺、瞬息萬變的搜尋引擎市場，更應當保持足夠的重視和機警。

第七章

風光上市

Google的上市吹皺那斯達克一池春水，鼓舞矽谷的士氣，激起新一波的Internet投資潮流。

公開拍賣

Google的上市是2004年IPO市場的強心劑，專家們滿心期待，認爲Google最多可能募集到40億美元，這將是2002年7月CIT集團48.7億美元IPO以來規模最大的IPO。很多專家相信IPO市場的活力，將能使更多企業利用股票來收購業務並招攬有天分的員工。

高科技產業投資銀行家摩爾表示：「很多投資者的手被熱鍋燙過，他們現在對於這口鍋很小心。Google的IPO可能是召回投資者的催化劑。」而其他市場的一些觀察家則不這麼樂觀，他們認爲，Google只是高科技廢墟中少有的寶石。與有較大成長潛力的科技公司相比，運輸、鋼鐵、金融等穩定產業對於謹慎的投資者可能更合適。

Google以公開拍賣的方式進行首次公開發行，對華爾街傳統的上市方式發起挑戰。

Internet搜尋引擎公司表示，採取不同尋常的步驟，即發行兩種不同類別的股票，使得控制權牢牢地掌握在創始人手中。

Google的股票發行已經成爲近幾年華爾街最受期待的一件事情。在遞給交美國證交會的正式檔案中，Google開門見山說：

「Google不是一家傳統的公司。」這表示了Google決心要打破陳規的不同尋常的態度。

在正式檔案中附有一封非同尋常的公開信《投資者指南》，Google創始人布林和佩吉在信中表示，他們的目標是努力使公司免受那種曾使多家Internet公司倒閉的壓力。在他們宣稱的目標中，曾有這樣的話語，即「不做壞事」（Don't be evil.）和「讓世界更美好」（Make the world a better place）。

沒有比Google的招股說明書更能清楚地表明他們獨闢蹊徑的經營觀的了。這本被冠以《投資者指南》名稱的7頁的檔案，闡述了Google有別於大多數上市公司的獨特理念和準則。

檔案由佩吉起草，內容涵蓋了從公司兩位創建者及執行長施密德組成的「權力鐵三角」，到絕不因追逐短期收益犧牲公司長遠發展目標的莊嚴承諾。在這份檔案中，兩位創建者許諾將給每位員工提供更多諸如免費餐食、管理者的獨立表決權及對華爾街行情預測的規避等好處。與立即能夠產生收益的短期投資相比，公司將更加注重長遠發展。

如果存在適宜的投資機會，並且能夠為股東提供長期回報，那麼公司將毫不猶豫地抓住它們，即使犧牲短期利益也在所不惜。「我們有足夠的毅力這樣做，並且希望我們的股東也能持有長期投資的觀念。」

Google也使世人對網路搜尋業有一個詳細的了解。這個產業的發展，甚至比矽谷中所流傳最樂觀的傳聞還要快得多。該公司2004年第一季的營業收入比2003年翻了一倍多。

Google選擇以公開拍賣的方式出售股票，而不是讓投資銀行給股票定價。Google表示要的是「一個把小型和大型投資者都包括在內的、公平的首次公開發行過程。」

改變規則

爲了盡可能地避免投機行爲，Google在發行股票過程中不採取典型的國際低價投資銀行戰略，而是透過股票拍賣方式進行融資。這種發行方式對於金額如此大的首次公開發售活動來說還聞所未聞，完全改變了華爾街以往的遊戲規則。

據悉，典型的國際低價投資銀行戰略通常是以較市值低的價格進行上市，投資商透過一進一出就能賺5～10個百分點。爲使上市行爲達到公平、透明，Google努力評估市場對公司A股普通股的需求，從而確定首次發行的發行額和發行價格。採用拍賣，從高到低進行股票拍賣，來確定一個可以售出該公司全部股票的價格即爲「清除價」。然後，Google股票承銷商將從以下兩種分配方式中選擇其一，來決定發售比例。其一，按比例發售。保證每位投資者都按其申請的購股總數的一定比例進行購買；其二，不管投資者最先要求的股份數爲多少，按結清價向他們發售同一數量的股票。

這樣更多的小投資者就有機會購買該公司的股票，同時也避免了熱門新股上市首日幾乎肯定出現上漲的局面。Google在避免網路泡沫經濟帶來不利的同時，並將贏得市場的最大回報。但那些希望透過A股普通股交易後賺取差價利潤的買家最終將收穫失望。

Google稱，該公司已經創建了一種雙重股票結構，以向投資大衆發行的A股與具經營權的B股做區分，這種結構能夠讓擁有將近33%的B股股權的幾位Google的創始人牢固地控制這個Internet搜尋公司的命運，使Google很難被其他公司收購。所謂雙重表決結構在媒體產業是很普通的，但在IT公司中卻很少見。

Google的創始人是該公司最大的股東。其中，共同創始人、負責產品的總裁佩吉擁有3,860萬股該公司的B類股票；共同創始人、負責技術的總裁布林擁有3,850萬股B類股票；董事長兼執行長的施密德擁有1,480萬股B類股票；創投公司Kleiner Perkin和美洲紅杉（Sequoia）各擁有2,390萬股B類股票；其次是前亞馬遜公司負責業務開發的副總裁K. Ram Shriram擁有530萬股股票。總之，兩位創始人將繼續以一半以上的股權來確保其控制權。

緊急縮手？

2004年7月26日，Google向美國證管會提交上市申報書，宣布IPO股票募集規模，Google將價格範圍定在108美元到135美元，發行股票數量爲2460萬股，總募集金額將達27億美元到33億美元之間，加入有史以來最大規模IPO行列。順利以每股135美元交易的話，Google市值上看363億美元。

然而科技股市場轉冷，金主不捧場，8月13日開標之後的情況不盡理想，上市前一天，Google決定把股票公開上市的價格調降成爲85美元，降幅達37%，以致Google惜售，賣出股數狂砍五分之一，剩1960股上市。競標價格探底，最終Google募集到17億美元，成爲美國股市史上第25大，網路股第一大的股票上市案，公司市值達到230億美元。

掛牌蜜月

IPO標售受挫後，8月19日上市公開交易的首日備受矚目，Google果然不負衆望，第一個小時的交易，成交量超過1300萬股，股價從85美元突破100大關，以100.79美元作收，成交2,200萬股，上漲15.79美元，漲幅18%。超越1,960萬股的股票發行總數，籌資高達16.7億美元，市值增加到270億美元。

攀上300美元

每股100美元的價格，只是Google股價成長的起點。11月4日，上市不到三個月，股價即突破200美元大關，而此時Google市值已翻一番達到540億美元，超越雅虎的478億美元，成爲名符其實的第一大網路公司。半年的醞釀盤整期之後，股票再一次全速上升，2005年6月27日，Google創下每股300美元的高價，不到一年的時間，Google的股價從上市時的85美元漲到317.8美元高點，漲幅超過三倍，使Google市值攀上845億美元高峰，躍居美國上市公司第23大。

Google股價之所以不可思議地一路上揚，背後支撐的是網路廣告營收的高成長，上市之後的第一次財報，2004第三季Google營收達到8.059億美元，較2003年同期成長105%，2004第四季營收爲10.32億美元，2005年第一季再成長到12.6億美元。淨利的部分，則從2004第三季5,200萬美元，第四季2.04億美元，到2005年第一季的3.692億美元。

每一次財測，分析師都看好Google的成長，而Google則一再的使大家眼睛一亮，大大超出分析師的期望。Google 2004年營收爲31.89億美元，比2003年同期的14.66億美元成長了118%。而2005年第一季，Google營收12.6億美元，比前一季成長22%，比前一年同期成長一倍；淨利3.69億美元，是2004年第一季的6,400萬美元的6倍，每股收益1.29美元。2005年第二季，Google營收13.8億美元，淨利3.428億美元，每股收益爲1.19美元；遠遠超過2004年同期的7億美元、7900萬美元和30美分。光是2005年上半年的營收，已達2004年全年總營收的八成。

在公司營運成長的同時，Google持續地晉用人才，由2004年6月的2,292名員工，9月的2,688名員工，2004年底的3,021名員工，再增加爲3月的3,482名。

乘勝追擊

Google上市滿周年時，宣布了發行第二批股票上市的計畫，2005年8月18日Google 透露計畫再推出1,400萬A股公開上市發行，依照現價每股285.09美元計算，預估第二批股票可爲公司募集40億美元資金。一般認爲，此舉是爲了壯大公司，進行收購行動而準備。

第八章

迎接挑戰

Internet神話之一：在Internet上你是主宰者。依據：注意力經濟，你的眼球轉到哪，廣告也就跟到哪。

Internet神話之二：在Internet上沒人知道你是一條狗。依據：網路是匿名的。

Internet神話之三：你Google一下，就能搜到你想要找的東西。依據：Google就是好。

遇上瓶頸？

事實上，網友對使用Google已經成了一種依賴行爲。如果沒有Google，甚至不知道下一步該去的是什麼地方。在網友心目中，Google已經等同於Email一樣的工具；而在技術狂熱者的眼中，Google是一個殺手級應用程式。

網路空間裡的網頁數量是一個動態成長的實體。而搜尋引擎只是一個利用某種演算法抓取網頁的工具。據統計，各個搜尋引擎抓到的結果，僅是一個集合裡的交集，有許多重複，也有許多差異。而且致命的是，它們的全部數量，也只占這個集合的40％。這就是說，有更多的網頁是資訊世界的孤島，你無法搜到它們。

但是Google卻是世界上最大的資訊庫的擁有者和壟斷者。目前Google已經擁有了8億多張網頁（快照），它收購了Deja.com，一舉擁有了20多年來新聞群組上所有的文字；正在發展的news.google.com則力圖以最快速度積聚新聞；以Blog形式出現的個人發布的文字，也以其價值和可讀性成爲Google的目標，2004年2月Google已經收購了全球最大的Blog服務之一Blogger.com 的提供商PyraLabs。

Google是一個中心概念的應用，它需要把用戶圈定在自己的「域」裡。爲此，它不惜血本用幾千臺Linux伺服器做成集群，使你的搜尋結果能夠在一個令你滿意的時間點出現。但是如果Google被意外遮罩掉，你就無法再用它了。這和E-mail有著本質的區別：E-mail是一種分散式的應用，如果E-mail的路徑上壞了幾臺伺服器，絲毫不影響它從此岸到彼岸的路程。

當可以被搜尋的東西不斷成長時，Google無所不知的品牌力量也在不斷成長。現在已經有人建議將Google變爲一個中立性的非贏利性機構，這無疑是開始懼怕Google的潛能了。如果有一天Google控制了你想要看的東西，和你看不到的東西時，你還能去哪裡搜尋？

然而Google是家公司，而且是一家上市公司。Google達到了搜尋技術的商業化應用的顚峰，但是並不意謂著搜尋技術已經遇到瓶頸。

成長的煩惱

Google幾乎具有它誕生之前的網路熱潮時期網路技術公司的所有特點，但它如何才能有效避開它的前輩們的命運呢？創始人之一佩吉鄭重地說：「我們要將全世界的資訊集合起來，使用戶任何原因、何時需要都可從我們這裡找到。」

佩吉預見到未來人們會更主動地進行網路搜尋。另外，Google很快以實際行動回擊了它將步先前那些網路公司的後塵的說法。Google廣告銷售及服務主管不無自豪地說：「Google給人們帶來了無限樂趣，但都是免費午餐，不過我們還設法實現了贏利」。2005年第一季，Google 執行長施密德以3.69億美元的淨利，年營收上看12.6億美元，回報它的投資人。

隨著Google將其用戶重點由科研學習領域轉向商業領域，新的競爭者將對其構成挑戰。例如，挪威的Fast Search & Transfer公司建立的Web.com在搜尋新建網頁方面做得比Google要好，它提供的網頁數量不次於Google的搜尋引擎，而且還有一些比Google更豐富的功能。

保持Google搜尋引擎的強大功能是Google作爲一個企業興旺發達的關鍵所在。在Internet發展的11年歷史中，入口網站和搜尋引擎公司的財富曲線勾勒出了一個寓言般且令人眩暈的軌跡。Ask

Jeeves、Lycos、Inktomi、Excite和AltaVista等公司都已經上市，上市之初其股價如火箭般竄升至三位數，而其後又一落千丈，跌至可憐的一位數。但是，如果想謀求更大的發展就必須承擔更大的風險。

Google曾和美國線上、雅虎等業界巨擘簽署了長達數年的合約，爲後者在其網站上建設維護搜尋引擎。但Google自己的網站也要謀求廣告受益和增大用戶登錄量的行爲，會不會影響它和那些巨擘級用戶的關係呢？另外，Google上市後要想成爲成功的網路業務經營者，最大限度地獲取收入就成了首要目標。而如果網站上充斥大量廣告，就會改變往日的清純形象，進而威脅到其歷盡千辛萬苦獲得的科研學習領域的專家學者用戶基礎。

Google靈活並目標專注的AdWords專案獲得了回報。根據廣告公司的反饋，Google廣告點選率是傳統條幅廣告的5倍多。Google的管理層沒有透露廣告受益在其總收入中所占的比重，但桑柏格表示，AdWords項目已爲Google帶來了「數十萬美元」的收入。但Jupiter Media Metrix的Keane預測說，隨著Google不可避免地顯現出越來越濃厚的商業氣息，Google將不得不面對一些非常重要的問題。他強調，Google作爲一個搜尋引擎所取得的成功已最終對其企業客戶構成競爭威脅。換句話講，熟悉Google品牌的用戶通常不會使用Yahoo!等Google協助建立的搜尋引擎，而是直接瀏覽Google的網站，這樣一來，Google實際上剝奪了Yahoo!等客戶的潛在廣告收入，在它們之間形成了一個扭曲變形的不對等關係。由於Internet廣告市場不很景氣，爭取廣告收入的戰鬥愈演愈烈。Keane指出，目前，入口網站能夠售出其廣告位置的20%就已實屬萬幸。但他補充道，如果Google成功上市，那麼它將置身於來自投資者要求收入最大化的壓力之下。

Overture Services、LookSmart和Fast Search & Transfer等Google最近面臨的眾多競爭對手，已開始著力避免成為被迫增加盈收的眾矢之的，它們集中精力作為一個「私營企業」，透過向用戶提供搜尋技術授權及其他服務許可來生存。

對於Google首先是一家技術公司還是一個行銷工具的爭論正使其內部人員出現分歧。施密德表示，他並不擔心Google成為面向各類群體的包羅萬象的企業，原因是公司唯一的目標是滿足用戶的需求。在施密德的字典裡，用戶永遠是正確的，但他的想法與佩吉關於Google永遠是一家技術公司的理念產生了衝突。佩吉認為，Google的首要目標是成為一家軟體公司，為全球各種用戶開發所需的技術。眾「Google人」都希望強化和改善藉支援搜尋引擎而為公司帶來成功的數學演算法和軟體代碼。

但成長需要作出抉擇——即使天才的成長也不例外。如何將Google的輝煌過去與其商業未來有機地結合起來，這是Google是否能順利成長的關鍵；而Google能否避免重蹈此前已夭折的網路先輩的覆轍，輕鬆充實地壯大自己也取決於他們正確的抉擇。

步上微軟後塵？

隨著Google的不斷發展壯大，更多的人們在猜測，Google會成爲第二個微軟嗎？從Google公司最近的一些市場活動來看，該公司的文化與微軟的經營理念相差甚遠。

人們之所以會將Google與微軟相比，是因爲Google在搜尋引擎市場上的地位已經近乎於壟斷。觀察者認爲該公司擁有了太多的個人資訊，擔心自己的隱私遭受侵犯；廣告公司則抱怨Google的搜尋機制缺少透明度，擔心檢索結果的顯示順序會有問題，一些個人用戶也對此表示關注。Google確實對自己的搜尋技術太過呵護了，導致一些客戶可能會做出其他的選擇。比如說蓮花（Lotus）創始人米奇·卡波爾（Mitch Kapor）就表示，他更願意支持Nutch，Nutch採用開放源代碼，因而搜尋過程和結果非常透明。卡波爾認爲，Nutch甚至有可能在不遠的將來超過Google，就像開放源代碼作業系統Linux目前對微軟構成了強大威脅一樣。不過，在市場競爭異常激烈的今天，Google緊守搜尋機制的秘密是完全可以理解的。而且Google一直向用戶承諾，確保搜尋結果與需求的相關性是公司不懈追求的目標。這也是為什麼Google能夠吸引用戶的根本原因。

人們將Google與微軟相比的另外一個原因，是Google與微軟一樣擁有對技術的狂熱。Google在發展初期對銷售文化是相當輕視的，這一點也與微軟非常相似。卡波爾稱Google的文化就是「技術領先」，整個公司以「傳教士精神」而被人熟知，在這種精神指引下，Google既追求創造價值，又追求創造金錢，而不像一些唯利是圖的公司那樣只顧賺錢。

無論如何，Google現在已經像微軟一樣樹大招風了。比如剛剛推出的本土化搜尋服務，就有網友投訴其檢索結果並不準確。面對越來越挑剔的用戶，Google應該打起精神小心應對。我們希望Google能夠堅持自己的文化，為用戶帶來更好的產品和服務！

在Google公司的接待處，光禿禿的牆上有一個即時搜尋資訊，能看出全球的人都想要找什麼。Google還透過Google Zeitgeist對這些資料進行進一步分析，每周發布「十大上升最快的搜尋」和「十大下降最快的搜尋」。

更為有意思的是人們用Google搜尋的方式。透過讓人們使用以Giga Byte計算的Internet，Google使大家都成了超級偵探。比如，單身男女們Google約會對象已經成爲了標準做法。如果找到了很多資訊，他們不僅能夠很有信心地赴約，而且還能知道應該談些什麼。對於研究人員，Google當然是夢寐以求的工具。

Google的新用途正在迅速湧現。人們尋找長期失散的親友、老歌；電腦工程師輸入錯誤的源代碼，尋找Windows的什麼功能破壞了他們的程式。

Google就是鏡中的世界，反應出了全球資訊網的多姿多彩，那裡能找到做餅乾的方法、天氣報告、憲法。由於Google現在已經成爲了尋找這類資訊的默認方法，Google的內容對現實世界影響就顯得極其重大。

新Blogger除用戶介面煥然一新外，還另外添加了評論功能、簡介功能以及郵件投稿功能等。

評論功能的開／關，可以就自己部落格的整體或針對每一篇稿件進行設定。另外，可以透過「任何人」、「Blogger用戶」及「僅限自己部落格的成員」3個級別來限制投稿者。但是，不支持與評論同爲部落格交流功能的、在日本部落格製作服務中廣泛使用的TrackBack功能。

簡介功能是一項登錄並公開自己的姓名、年齡、性別以及喜歡的影片、音樂、書籍等的功能。不僅是單純的公開，還具有搜

尋近鄰與愛好相近者的功能。

例如，在居住地欄裡登錄上「東京」的話，簡介頁面就會出現一個其他登錄東京的用戶一覽頁面的連接。使用該功能可以找到相同地區的人或興趣相近的人。

透過郵件投稿功能，用戶可以在Blogger.com中建立自己專用的投稿位址，透過發送郵件進行投稿。但是，不能透過郵件附件的形式傳送照片。

Blogger功能表爲英語版，但也可以製作日語部落格。目前日語版製作正在討論之中。

Blogger是Pyra於1999年開發的老牌Blog服務。2003年春，Google收購Pyra，成爲Blog在日本走紅的契機之一。

挖掘新寶藏

目前，Google已經找到幾條能夠把用戶瀏覽量變作現金的管道——這正是許多早期Internet公司所沒有做到的。

第一個辦法是，對其搜尋結果收費。Google不僅自己的網站獲得的點選率最高，而美國線上（America Online）、英國電信BT Openworld上搜尋資訊的人們仍依賴Google的搜尋引擎。無論Google是否與美國線上直接爭奪線上用戶，兩家公司最終都會成爲競爭對手。美國線上由於採用了Google的搜尋技術，其搜尋用戶量上升了三分之一。美國線上說，至少其中一部分成長的用戶量應歸於該公司願意在其網址上展示Google標誌。

第二個利用其搜尋引擎賺錢之道是Google涉足的「贊助搜尋」業務。這項業務與序曲（Overture）公司直接競爭。當Internet搜尋關鍵字時，公司相互競標，以便展示自己的廣告。例如，一家服裝店可能會爲「孕婦裝」這個關鍵字競價。這樣，每當一則廣告在搜尋結果中出現時，廣告公司都會向Google支付一定費用——通常是10～20美分。

不久以前，Google把自己的勢力範圍擴大到第三個與搜尋有關的業務領域，即在其他公司的網頁中插入目標廣告。

Google全球銷售業務的資深副總裁柯德斯塔尼（Omid Kordestani）並不排除這樣的可能性：在電子商務交易中分一杯羹，或從幫助用戶尋找線上內容中獲得好處。Google News在2003年應運而生，目的是透過過濾Internet的新聞來源，顯示任一特定主題的最新資訊。

柯德斯塔尼說：「我們涉足新聞並不是爲了賺錢。新聞是迅速變化的一種內容，我們希望了解一下，看看自己是否能對付它。」不過，他並不排除最終會試圖利用這項業務賺錢的可能。透過成立Froggle，公司還建立了一套系統，人們可以用這套系統來篩選網上內容，獲得線上顧客所希望購買的產品。柯德斯塔尼先生堅稱：「這並不僅僅是建立一個銷售管道。」他還補充說，「Froggle仍處於初期，其業務模式仍可進一步發展。」

Google最後表示有意繼續維持與雅虎和美國線上等公司的良好關係，因爲 這種關係會有助於增加用戶數量，雖然在Internet上賺錢的規則正在發生變化。

Google還是搜尋引擎嗎？

2004年4月1日，Google宣布推出總容量達1G的免費電子信箱Gmail，其容量遠大於競爭對手MSN Hotmail和Yahoo!，此舉引起了業界震動。現在看來，Google選在這個時間推出此消息是爲了上市熱身，但同時也暴露了Google向其他網路公司業務「地盤」擴張的野心。

Google的長期戰略將是提供電腦使用者所需的各種服務，一些分析師甚至預期Google將爲網路使用者推出通常Windows作業系統提供的一些功能，將和微軟在各個領域全面「交鋒」。國際資料公司的一位分析師表示，「Gmail只是一個嘗試，Google一定會向更廣闊的領域發展，它的計畫或許是我們難以想像的」。

但是，力主多元化的Google還是大家喜愛的Google嗎？還是不斷完善的搜尋引擎嗎？擴張戰略是否會面臨風險？只有時間能告訴我們答案。

第九章

全球競爭

★競合之間——雅虎

搜尋服務現已被業界稱為Internet的閃耀新星，眼看Google賺得盆溢缽滿，業界先進和後起之秀莫不稱羨。雅虎、微軟各使殺招，亞馬遜也擺開了要與群雄一爭高下的架勢，IBM、eBay等巨擘亦磨刀霍霍，Internet搜尋之群雄逐鹿的戰國時代已勢不可擋。

搜尋前輩

雅虎（Yahoo!）公司是一家全球性的Internet通訊、商業貿易及媒體公司，是全球第一家提供Internet導航服務的網站，也是最為人熟悉及最有價值的Internet品牌之一。

雅虎在全球共有24個分網，12種語言版本，其總部設在美國加州陽光山谷市（Sunnyvale），在歐洲、亞太區、拉丁美洲、加拿大及美國均設有辦事處。

雅虎公司曾是Google最大的客戶之一，但是現在它已經成為Google的頭號競爭對手，雅虎為了爭奪Internet搜尋引擎市場，雅虎在2003年斥鉅資一舉收購了AltaVista、Fast Search＆Transfer、Inktomi和Overture四家搜尋技術公司，並加以整合，尤其是Inktomi和Overture，都曾經是全球搜尋引擎技術領先的業界巨擘，僅為收購Overture，雅虎就付出了16.3億美元代價。

2004年2月，磨就利器的雅虎撕破臉，宣布停用Google的搜尋技術，推出自己的全新搜尋引擎。令Google更加不安的是，雅虎和微軟幾乎同時進入了一個Internet搜尋新領域——個性化搜尋技術。跟此前缺乏個性的一般索引式搜尋模式不同，雅虎將要推出的個性化搜尋技術充分考慮到了用戶的品味、興趣，甚至還根據用戶意願，提供他們的通訊資訊。廣告公司們也願意把廣告投向特定的目標人群，在收集個人資訊、提供個性化搜尋服務方面，雅虎開創了先河。雅虎已經收集了一億四千多萬個用戶的資訊，而Google還是一片空白。

分析家認爲，雅虎正試圖在搜尋演算法上和Google抗衡，而且已經取得了一個勝利：2004年5月份，雅虎宣布CNN已經成爲其搜尋演算法的客戶。

雅虎對Google從扶持到利用，從利用到對決，前後不過三年左右的光景，然而，對於Internet搜尋引擎的淘金之夢，雅虎做了將近十年。

其實，雅虎最初也是靠Internet搜尋引擎技術起家的。1994年，雅虎的創始人楊致遠和費羅透過鏈結Internet上自己喜歡的各種資訊，從而發現了裡面蘊藏著的無限奧妙和商機。他們把兩人各自所鏈結的越來越廣的資訊組合到一起，「手工」分類編輯，以楊致遠的英文名「傑瑞」命名爲「傑瑞全球資訊網指南」（Jerry

and David's Guide to the World Wide Web），並共用這一資源。實質上，這就是一個搜尋引擎。

由於，當時網上已存在一些同類搜尋引擎，如 Lycos、Infoseek、EINet、The WWW Virtual Library（全球資訊網虛擬圖書館）等，加上搜尋引擎給人一種尖端技術的感覺，所以，1995年初，楊致遠和費羅開第一次策略會議時，第一個任務就是定位，並決定不要定位成搜尋引擎，而應定位成網路分類目錄。從形象方面講，產品應包裝成普通百姓能運用自如的「家常產品」，而不是尖端高科技。

雅虎公司成立後就是憑藉這種名為「分類目錄」搜尋技術而成功進入新聞、郵件、電子商務和私人網路廣告等領域的。

1998年，佩吉和布林在經過一番技術修改後，曾計畫將BackRub賣給雅虎，沒想到，那時正迷信自己技術的雅虎竟然昏了頭，拒不接受。

Google採用的搜尋引擎技術被稱為「蜘蛛」，它可以自動從Internet搜集相關的鏈結，然後生成查詢結果。

兩年後，急於在Internet領域攻城掠地的雅虎方才發現，Google技術較之「分類目錄」更有優越性，於是，不惜屈尊與Google簽約，採用Google引擎提供網頁搜尋服務。這一決定，使雅虎如虎添翼，多賺了不少銀子，但同時也養大了Google這個今日不得不重新看待的對手。

數字顯示，39%的美國網友把Google作爲首頁用作網路搜尋工具，而選擇雅虎的只占網友總數的30%。然而據searchenginewatch.com介紹，由於Google是雅虎、美國線上服務等其他網站的幕後引擎，它占了搜尋總數將近79%占有率。

雖說是雙贏，但靠Internet搜尋引擎技術起家的雅虎，眼睜睜看著Google的搜尋引擎從自家的口袋裡搜走了大筆錢財，而且竟然成爲了這一領域的龍頭老大，心裡怎麼能夠平衡。

於是，雅虎與Google決裂，並且聲稱近期內要占領全美Internet搜尋引擎服務市場的一半。

創業之路

這兩對組合在創業時，都是血氣方剛的毛頭小夥子。Google創始人佩吉和布林都曾經是美國史丹佛大學的博士生，還是同學；雅虎的創始人楊致遠和費羅也都曾經是史丹佛大學的博士生，並且也是同學。他們都是靠開發搜尋引擎起家，而且都是無意間得之——Google創始人佩吉和布林是在做研究專案時，楊致遠和費羅是在上網衝浪時。佩吉和布林開發出「BackRub」時是在1995年，楊致遠和費羅編寫出分類目錄是在1994年。

還有兩點相同：一是這兩對組合都獲得了巨大的成功；二是這兩對組合中各有一位是移民，唯一不同的是楊致遠來自臺灣，而布林來自俄羅斯。

楊致遠1967年生於臺灣，並在這裡度過了童年。在兩歲的時候父親不幸去世，母親是英語和戲劇教授，獨自撫養著楊致遠和弟弟Ken Yang。楊致遠的阿姨當時住在美國，爲了孩子的教育和將來的發展，全家搬到了美國，定居於加州的聖荷西。楊致遠於1990年考入史丹佛大學。他喜歡工程課程的嚴格性，並且深受「矽谷精神」的影響。矽谷是一批工程師創建的奇蹟，史丹佛大學在其中占有重要地位。於是，楊致遠選擇了電子工程專業。儘管課程很緊，楊致遠還是參加了許多社團活動，加入了大學生聯誼會，鍛鍊了他的社交能力，爲日後獨當一面，駕馭一家轟轟烈烈的媒體公司奠定了基礎。他還選修了經濟類課程，他有一種朦朧的想法，將來也要自己辦公司，但做夢也想不到會那麼成功。

楊致遠用了4年時間讀完本科和碩士，在讀博士時認識了費羅。在學習、工作和後來的創業過程中他們成爲摯交。他們有共同的博士導師，而且兩個人的宿舍緊鄰著，只有一牆之隔。他們還曾一起參加史丹佛大學與日本教育合作專案，到日本教書。

實際上，費羅還當過楊致遠的輔導老師，楊致遠開玩笑說當初費羅只給了他一個B級分數。

楊致遠和費羅是互補型人才，楊喜歡交際，社會活動能力極強，屬於思想家，領導者類型；而費羅知識淵博，工作扎實，是個出色的技術型精英，他們所開發的「分類目錄」搜尋引擎的大部分程式碼都是由他書寫的。

回到史丹佛後，楊致遠和費羅就在校園裡建立起一所小活動室，作爲工作基地。他們整日泡在那裡，透過鏈結Internet上自己喜歡的各種資訊，編輯出一個搜尋引擎「傑瑞全球資訊網指南」（Jerry and David's Guide to the World Wide Web）。

在楊致遠和費羅亮出「雅虎Yahoo!」的招牌之後，第一個支持他們的大公司是路透社，路透社總部設在倫敦，是產值達50億美元的老牌新聞及金融資訊公司。雖然路透社在美國名氣還不算大，比不上美聯社，但在世界上它的影響力很大，它經營新聞業務已有150年的歷史。

不過，路透社和雅虎成爲了好朋友，但算不上戰略夥伴。在他們合作過程中，雅虎並未得到多少實質幫助。

楊致遠和費羅找到在哈佛商學院讀書的老同學布拉狄，參考HotWired公司發布廣告獲利的經驗，撰寫了一個周密的商業計畫書，然後，到處尋找創投業者。

楊致遠找到了美洲紅杉公司（Sequoia），它是矽谷最負盛名的創投公司，曾投資蘋果、Atari（電玩大廠）、甲骨文（資料庫大廠）、Cisco系統（網路硬體商）等公司，後來也參與Google的創業。在楊致遠和費羅的反覆遊說下，1995年4月美洲紅杉公司向雅虎投資了400萬美元。雅虎由此走上了轟轟烈烈的爭霸之路。

拒絕被收購

雅虎剛剛打出點名氣，世界上最大的商業線上服務公司美國線上（America Online，簡稱AOL）便找上門來，美國線上正好缺少一個合適的搜尋引擎，他們希望收購雅虎，並提出楊致遠和費羅都可以成爲他們的員工，並保證可以讓他們成爲富翁。同時，還威脅說，如果楊致遠和費羅不肯出售雅虎，他們將扶持另一家引擎公司擊跨雅虎。

楊致遠和費羅經過慎重考慮，拒絕了美國線上，決定自己獨立經營雅虎。他們不想有人在上面對他們的創造性工作指手劃腳，並且擔心把雅虎出售給美國線上，最終也許會葬送雅虎。

楊致遠和費羅先後與MCI、微軟以及CNet等業界巨擘談判，希望得到合作與投資機會。但只得到網景（Netscape）公司的資助。網景瀏覽器的「Internet目錄」按鈕提供了與Yahoo!的直接鏈結（持續了一年），這大大提高了雅虎的知名度，從此雅虎成爲多數全球資訊網用戶打開瀏覽器時的首頁。

美國線上最後收購了WebCrawler（一家很早便從事索引搜尋服務的公司），美國線上和BNN的瀏覽器都指向它，但與雅虎相比，WebCrawler缺乏特色，並沒有達到擠壓雅虎的目的。

像後來雅虎對待Google一樣，雅虎的恩公網景似乎不願意看著雅虎做大。雅虎的業務和影響力剛提升不久網景的瀏覽器就將「Internet目錄」按鈕的配置轉而指向雅虎的競爭對手Excite（亦即Architext），而瀏覽器的第二個按鈕「Internet搜尋」長期指向Infoseek。當然，這兩家出的錢要比雅虎多。

雅虎開始與網景討價還價，網景提出一項建議：按搜尋引擎按字母順序排列。這實質上是一個虛僞的霸王建議，因爲雅虎引擎以字母Y開頭！網景這一暗招，使雅虎的資訊檢索流量頓時減少了10%。

展開第二輪融資

作爲主要投資者的美洲紅杉公司爲雅虎找到了日本的一家大財團軟體銀行（Softbank）集團。

軟體銀行集團由接受過美國教育、有韓國血統的孫正義於1981年創建，到90年代初它已是日本最大的軟體批發商，聲稱占有一半的市場占有率。

1995年秋，軟體銀行向雅虎投資6,000萬美元，買下雅虎5%的股份（後來又大幅度增加），而且兩家公司迅速成立了合資的日本雅虎公司。

這一投資使雅虎有能力擴大服務項目，很快度過了難關，走向了新階段。1996年4月12日雅虎公司股票在美國那斯達克上市，開盤每股價位定在13美元，由於需求驚人，價格迅速被推到24.50美元，最高時達到每股43美元，最後以每股33美元收盤。上市當天雅虎公司的市場價值即達到8.50億美元，比一年前行家估計的價值高出200倍。雅虎與美國線上、亞馬遜、eBay並稱爲四大電腦網路天王股，並最終成爲全球最大的入口網站。

公關策略不同

雅虎在Internet上迅速竄紅，首先是因爲它有一個響亮的名稱；其二是由於雅虎明星公關、新聞公關、文化公關等公關秀策略。

「雅虎」是由楊致遠和費羅於1995年的一個夜晚，在一間破舊的活動房裡翻著韋氏詞典爲他們的「產品」編造的名稱。其中「Ya」取自楊致遠的姓，他們曾設想過Yauld、Yammer、Yardage、Yang、Yapok、Yardbird、Yataghan、Yawn、Yaxis等一系列可能的名稱，突然間他們想到了Yahoo這種字母組合，然後迅速翻開手邊的韋氏英語詞典，發現此詞出自斯威夫特的《格列佛遊記》，指一種粗俗、低級的人形動物，它具有人的種種惡習，意思是貶低他人爲「鄉巴佬」。這個詞顯然不太雅，但仔細一琢磨，在強調平權的Internet上大家都是鄉巴佬，何不反其義而用之。爲了增加褒義色彩，後面加上了一個感嘆號，於是就有了「Yahoo!」。

與從來沒有花錢爲自己打過廣告且一貫低調的Google行事作風不同，雅虎的公關表現可謂是明星般的張揚。

楊致遠和費羅非常善於利用媒體造勢，做廣告宣傳。在推廣雅虎產品和品牌的同時，自然而然地順便推出了這兩位創始人——年輕有爲的成功天才，爲了推動網路革命的理想，不惜放棄博士學位的創業傳奇故事。

楊致遠和費羅在百忙之中容光煥發地頻頻上鏡頭，在正式公關後的6個月裡被媒體報導便達600多次，先後上了《時代》、《商業周刊》、《富比士》、《Wired》、《Upside》、《美國周末》等重要傳媒的封面。

在上市前，雅虎曾不惜花費鉅資重塑其在網景瀏覽器按鈕中的地位，並在微軟的「Internet探索者」（IE）瀏覽器中占據特殊位置，使Internet上大約幾萬個公司網站和個人網頁與雅虎建立鏈結關係。

爲了擴大影響，雅虎在保持組織分層結構資訊的同時，努力整合各種實用資訊，如熱門新聞、本地雅虎、股票行情、美國電子地圖、美國有線電視網新聞、NBA賽事、人物查詢、亞馬遜網路書店鏈結等等。

雅虎有一個宏偉構想，奮鬥目標是使雅虎成爲大衆文化的象徵，而不僅僅是網路文化的象徵。

雅虎除了在網上爲自己品牌做廣告外，在網下也沒閒著，出版發行量很大的著作——《Yahoo!Unplugged》。雅虎還透過傳統的廣告宣傳自己的品牌，它是對電視感興趣的第一家Internet公司，它願意在各種媒體上購買時間和空間做廣告。

雅虎借鑑了耐吉（Nike）膾炙人口的廣告詞「Just Do It」和漢堡王（BurgerKing，全球著名速食公司）的「Have It Your Way」，推出「Do You Yahoo!」這一有煽動力的廣告詞。

雅虎的公關策略十分奏效，今天的雅虎已成爲全球人氣最旺的傳媒之一，也是最爲人熟悉及最有價値的Internet品牌。

經營模式異同

Google透過搜尋引擎排名收取線上廣告服務費用這種單一的經營模式相比，雅虎則屬於多元經營，雅虎一方面透過將瀏覽者推薦到零售商的網站，來獲取傭金或幫助零售商促銷來徵收廣告費用，與此同時，雅虎利用分類目錄等搜尋工具，透過幫助在網上購物者根據品牌、價格、特徵和用戶對商家的評級等不同標準進行貨比三家，收取透過雅虎網站賣出產品的銷售傭金。

雅虎的拍賣服務涵蓋包括服裝、禮品、鮮花和珠寶在內的37類商品。雅虎強化貨比三家的戰略，不僅影響到規模較小的電子商務公司，甚至連亞馬遜和eBay這樣的大型電子商務公司也不得不因此做出戰略調整。

雅虎採用新的搜尋技術之後準備對購物頻道的經營模式進行相應調整，以期增強綜合服務和獲得更多的傭金收入。

雅虎購物頻道目前的收入主要來源於透過雅虎網站賣出產品的銷售傭金，而在新的購物搜尋引擎投入使用後，商家要想使自己的產品列入新的購物搜尋引擎，雅虎就打算向其收取額外的費用。

雅虎龐大的瀏覽量將使這項新服務對網路商家格外具有誘惑力。事實上，亞馬遜已經決定使用這項服務，雅虎希望可以吸引到100多家像亞馬遜這樣的大客戶。

雅虎的另外一項收入，是其商務服務和通訊服務收費，現在，雅虎以每月40～300美元的價格向小型企業提供一個網上店面、網路主機服務和電子郵件服務。

招數／利器

在Google坐大之前，雅虎曾經是人們進行Internet搜尋的首選，並因此而吸引了大量的線上廣告。現在，雅虎想奪回Google所搶去的主導地位，收購AltaVista、Fast Search＆Transfer、Inktomi和Overture四家搜尋技術公司，謀求自己成爲擁有強大的Internet搜尋功能的搜尋引擎。

在美國，與Google爭霸的巨擘不可謂不多，在歐洲，註定成爲Google勁敵的也有一個專門從事搜尋引擎服務業務的後起之秀——Fast。

Fast總部位於挪威，成立於1997年，其搜尋引擎技術起源於挪威科技大學（Norwegian University of Science and Technology）的相關研究開發結果。公司全稱爲Fast Search ＆ Transfer（FAST） ASA，而AllTheWeb（ATW）是其對外展示技術的視窗網站。

Fast公司的搜尋引擎Fast／AllTheWeb資料庫容量大，更新速度快，搜尋精度高，並且據反應可以查到其他搜尋引擎都查不到的資料，因此是個非常不錯的搜尋工具。但是它也有不足之處。

比如對中文支援不是很好，而且在默認進行任意語言查詢時，返回的中文結果有時是亂碼，必須手動選擇語言才能正常搜尋；此外，Fast／AllTheWeb的網頁摘要目前還不是動態生成，造成用戶無法方便的根據摘要選擇最想要的結果等等，這些方面都還有待改進。

不過，FAST／AllTheWeb是當今成長最快的搜尋引擎，目前支援225種檔案格式搜尋，其資料庫已存有49種語言的21億個Web檔案，超過Google的20.7億網頁資料庫。而且以其更新速度快，搜尋精度高而受到廣泛關注，被公認爲是Google強有力的競爭對手。

雅虎希望借Inktomi公司的專門搜尋技術，使用特殊的數學公式，來幫助用戶搜尋Internet並獲取符合要求的搜尋結果。 利用Overture的技術出售付費搜尋結果，計畫擴大付費搜尋服務的範圍。

Overture將雅虎等網站上搜尋到的相關頁面廣告權出售給各相關企業，從而直接將廣告與搜尋主題鏈結起來。雅虎收購Overture，標誌著它與網路新貴Google將展開正面交鋒，以爭奪全球線上廣告業務的主導地位。

雅虎還準備整合「分類目錄」和「蜘蛛」技術，結合個性化功能和定制功能，增強其搜尋引擎的功能，向網友提供全方位的搜尋引擎服務。

2003年9月23日，雅虎推出了一個新的搜尋平臺，能夠讓用戶查詢產品、比較價格和從不同的經銷商那裡購買產品。用戶參與這項服務後，雅虎將不斷查看付費商戶的網站，搜尋最新的資訊，並將這些新的資訊囊括到搜尋引擎使用者的搜尋結果中。當然，雅虎提供的這種專門服務是有償的：瀏覽者每點選一次這些付費商戶的鏈結，該商戶就必須向雅虎上交從15美分至超過1美元不等的費用。

2004年2月，雅虎正式推出功能強大的全文搜尋引擎，據說不僅僅可以搜尋網頁文字內容，還包括圖片、音樂、視頻，甚至包括網友電腦中的其他資料。此舉意謂著雅虎已開始與Google展開了全面對決。

★微軟分一杯羹

微軟在搜尋引擎市場領域排名第三，其市場占有占有率和技術程度與Google相差得很遠，但是，當微軟表現出積極謀求Internet搜尋市場「霸主」地位時，它就將是Google最可怕的敵人。

微軟將要與Google決戰

在收購Inktomi和Overture的計畫落空，對Google進行兼併或收購的努力失敗之後，微軟毫不客氣地推出了自己的「蜘蛛」搜尋引擎技術，並宣布正開發一套獨立的全能搜尋系統。

面對微軟咄咄逼人的威脅，Google針鋒相對，毫不示弱，打算殺入微軟的後院——開發桌面搜尋系統。

這是一招險棋，微軟一直將桌面視爲自家的領地，對於任何敢進入這一禁區的對手，微軟都會將其趕盡殺絕。

此前，每一個曾被視爲微軟戰略競爭對手的企業都被微軟用各種方法擊敗，最鮮明的例子就是雅虎最早的支持者，曾經被譽爲「Internet的當然領導者」的網景公司。

網景公司的克拉克（James Clark）和安德森（Marc Andreessen）1995年開發了第一款網路瀏覽器網景瀏覽器（Navigator），該公司股票上市使克拉克的財產達到5.65億美元，安德森則達到5,800萬美元，網景公司一舉成爲市值高達55億美元的明星企業。

但是，當微軟將自己的網路瀏覽器Internet Explorer免費地嵌入Windows系統後，靠著Windows的普及和用戶慣性很快便將Netscape擠出市場。

網景公司爲此將微軟告上了法庭，雖然在曠日持久的官司後，法庭判決微軟用來對付網景公司的手法是反競爭行爲，但網景公司早已被美國線上收購，其產品Netscape Navigator的市場占有率也已經少得可憐。Google會不會成爲第二個網景，這種可能性難以預料。

其實，微軟早在與Google開始討價還價的兼併談判之前，就已經爲無法收購Google留了一手，爲此，微軟網羅了許多搜尋引擎技術專家，這其中包括2004年被雅虎公司收購的Overture的前技術長。

微軟亞洲研究院還在微軟中國網站首要位置刊登啓示，在全球範圍尋找在搜尋引擎領域的高級技術人才。 招聘資料上稱，微軟正致力於研究有關網頁資訊檢索和組織的多種技術，微軟將致力於對整個Internet做索引和返回最佳搜尋結果。

據悉，微軟已將網路搜尋作爲今後發展的主要重點，並投下重金和更多程式編寫力量以支援搜尋服務，創建自己的演算法搜尋引擎。

Google與微軟互挖牆角

微軟的主要收入來自Windows和Office，而2003年Google收入的95％來自Internet廣告。眼下，Google向桌面系統進軍，微軟則強攻Internet搜尋領域，兩家公司都企圖分食對方的市場，因而，有媒體預測像當年微軟對網景瀏覽器大戰那樣的衝突已不可避免。

Google在桌面獲得的第一次勝利，就是「Google桌面搜尋(Google Desktop Search)」，它可以針對電腦中的電子郵件、各式文書、辦公、影音檔案、聊天內容和所瀏覽過的網頁，提供全文檢索的桌面搜尋應用程式。「Google桌面搜尋」把 Google 搜尋器強大的資料搜尋功能置入電腦硬碟中，如拍照般記下電腦中所有資訊，讓使用者可以輕鬆地找到所需要的資料。

Google於2003年從微軟挖角一位產品經理，主持這款代號為「Puffin」可下載的檔案和文字軟體搜尋工具之開發，宣告進軍桌面系統。僅一年的時間，「Google桌面搜尋」軟體第一版就率先順利開張，用戶至Google首頁下載在電腦上後執行，螢幕下方的工具列便會出現Google輸入框，在輸入框內鍵入檢索關鍵字，即可對個人電腦中儲存的內容行快速檢索。

這將為廣告公司尤其是Google公司現有的企業廣告客戶提供一個具有強大吸引力的廣告途徑，因為他們的廣告可以隨軟體直接出現在用戶電腦介面上。

Google的戰略是在微軟仍在開發Longhorn的時候，迅速採取行動，增加一些應用程式和類似Gmail等服務。Google的意圖就是要透過提前推出這些技術和服務，來建立牢固的、不容易轉變的企業客戶群，從而降低容易遭受微軟攻擊的弱點。

不僅如此，Google還針對桌面搜尋的企業市場，推出Google Mini服務，供企業 Intranet搜尋之用，套裝服務還包含一臺硬體跟一年的維護，適合中型企業。

而已經上市的Gmail的免費電子郵件服務，容量遠大於雅虎和微軟的Hotmail提供的免費信箱。

微軟方面則砸下1億美元投入搜尋服務升級計畫，打造微軟搜尋王國，並在新一代作業系統Longhorn中，以搜尋能力推上戰場。第一步是對Internet搜尋服務進行一定的調整，微軟將會使MSN的搜尋頁面變得更加簡潔，將付費搜尋結果同免費搜尋結果分開，同時還將在該頁面上增加連接到微軟百科全書服務的鏈結。而該計畫的另一個重點就是推出微軟自己的獨立的全能搜尋引擎，挑戰Google的領先地位，並和雅虎進行直接競爭。

微軟這項名爲「Stuff Ive Seen」的專案，根據每臺個人電腦上出現的文字檔案（包括硬碟內文字檔和網頁）的最後一個字創建了一個搜尋目錄。微軟MSN部門承擔了開發任務，並將該工具命名爲「MSN Search」。這一產品將會整合電子郵件、資料庫、檔案系統和Internet搜尋。

微軟搜尋引擎測試版已於內置於MSN工具列上，提供和

Google相似的檔案、網頁檢索功能。

帶領微軟在網路市場作戰的副總裁約瑟夫·麥迪（Yusuf Mehdi）表示，MSN Search將會是一個適合於搜尋任何資料類型的「終端對終端」系統。約瑟夫誓言要把所有用戶期待的、包括PC搜尋在內的東西集合在上頭。

總之，Google和微軟的遭遇戰已經打響。

Google挺得住嗎？

就綜合實力而言，Google遠遠不是微軟的對手，但微軟想徹底征服Google也不是一件容易的事。

首先，Google不單單是一家技術領先的公司，其背後諸多的投資者、創業者、員工以及合作夥伴等都構成了一個複雜的系統。其中包括老虎伍茲、歐尼爾、季辛吉與阿諾·史瓦辛格，昇陽創辦人貝許托謝姆、網景的創辦人安德森、eBay的創辦人歐米迪亞，以及對手雅虎、美國線上等公司。

Google也一直是開放源代碼軟體的忠實用戶和鼓吹者。執行長施密德更是矽谷的業界老狐狸，也是技術出身，在掌舵Google之前，先後擔任過昇陽、Novell兩大公司的執行長，與微軟有著幾十年的競爭經驗。尤其是在Novell，艾瑞克·施密德經歷了公司如何被微軟一步步擊敗的慘痛教訓。對於這麼一位老將來說，投身微軟無論在感情上還是理智上都是不可想像的。另外，Google的投資者之一約翰·杜爾（John Doerr）更是被稱爲「反微軟」陣營的領袖，因爲他幾乎對每個與微軟競爭的公司都提供了重要的幫助，包括Intuit、網景和昇陽。

其次，Google已成爲流行文化的一部分，它可以查出大約80億個網頁，用100種不同語言爲全球用戶提供服務，每天回答來自全世界網友的超過2億個搜尋請求，平均每秒鐘超過2,300個。

就Internet內容搜尋服務而言，無論是人才，還是人氣，Google都遠遠超過微軟，在技術方面，Google也占有優勢。

★IBM巨大威脅

2004年6月有一個令業界十分震驚的消息傳出，目前IBM矽谷實驗室已經開發出了可以像Google那樣進行網路搜尋的內部共同資料搜尋技術。據說，IBM的30萬員工已經在公司的內部網站上參與測試了這一搜尋技術。

被藍色巨人IBM命名爲「Masala」的技術已經大大改進了進入大型組織獲取資料的方式，它可索引及定位不同資料來源中的文檔，並可以做到隨內容的更新而同步更新。

這也就意謂著，居住在聖荷西的職員無須進入公司的網路入口，只需在搜尋框中輸入「Plasma TV」，輕輕一點，搜尋請求就可以在公司聯網上的全部電腦及其他資源資料中進行。傳回的相關結果包括來自公司東京辦事處的同事的關於「Plasma TV」的技術論文，也包括紐約經理桌面上的「Plasma TV」的客戶名單，甚至是2003年公司發布在網上的新聞發布稿。

據IBM稱，雖說軟體巨擘微軟及搜尋引擎巨擘Google也已經著手這方面的開發，但是他們的技術是領先於同業的，因爲它可以使整個組織進入屬於該組織的所有電腦桌面。用戶可以設置哪些資訊是可以被索引的，以及哪些人可以獲得使用權等。

此外， IBM公司將推出一種新技術，這種技術將會極大地改進電腦讀取和使用資料的方式。

IBM正在研究的這項新技術名爲「未系統化的資訊管理架構」（UIMA），這是一種基於XML的資料讀取架構。IBM公司服務和軟體業務部門副總裁Alfred Spector表示，UIMA將大大擴展和增強資料庫背後所依賴的資料讀取技術。

他說：「UIMA將成爲資料庫的一部分，或者更有可能的是，它將成爲資料庫所讀取的東西。利用它，你可以隨時掌握情況，可以更有效地改動自動化或手動控制的系統。」

一旦被納入到系統中去，UIMA將可以使汽車獲得並顯示出即時的交通狀況和高速公路平均車速等資訊，也可以讓工廠自己控制燃料消耗和優化生產計畫。同時，自動化的語言翻譯和自然語言處理功能也將成爲可能。

UIMA所依賴的是「合併假設」理論，這種理論宣稱，統計機器學習技術（搜尋引擎所依賴的一種智慧技術）、人工智慧語法以及其他的人工智慧技術在不久的將來就可以融合在一起。

相信IBM的這一動作，無論對於微軟、Google、還是雅虎，都不敢輕視，這個對阿波羅太空船登上月球，哥倫比亞號太空梭飛上太空作出了巨大貢獻的世界上最大的資訊工業跨國巨擘，一旦發力，恐怕誰都難以抵擋！

★亞馬遜不甘示弱

Google的上市，使網路公司都發現了搜尋這座金山，市場馬上變得擁擠熱鬧，同時競爭也變得慘烈異常，衆多參與者不斷加重自己在這個市場的砝碼，人力、技術、資本在向這一領域傾斜，排兵佈陣之間一場大廝殺、大變革已悄然孕育並在所難免。

突進搜尋服務領域

經過半年多的悄悄運作和部署，全球最大的網上書店、電子商務巨擘亞馬遜公司推出使用者期待已久的圖書文字搜尋服務引擎A9（測試版），大有向Google和雅虎的網路資料檢索工具一爭高下之意。

這一引擎目前在亞馬遜子公司A9.com搜尋網站亮相，對亞馬遜的顧客以及網站註冊使用者開放。

A9表面上看起來與Google類似。它不但模仿了Google的簡潔風格，而且提供了與Google的產品非常相似的Web瀏覽器工具列。但實際上，A9提供了一些獨特的功能，主要是個性化搜尋和組織搜尋結果的能力。例如，新的產品能夠記住用戶的搜尋紀錄，並可以進行編輯和刪除，爲他們以後的搜尋提供方便，這就是「搜尋歷史」服務。該產品也允許用戶在網頁上創建並保存便箋，就像一個讀者可以在書籍的空白處作記號一樣。另一個不同之處是不大令人注意的商務連接。Amazon已經提供了搜尋與Amazon.com上「書籍搜尋」功能的連接，使人們能夠在Amazon上的12萬部圖書中找到特定的參考資料。而且A9的二個邊窗可以方便開閉和調整大小，便於瀏覽。

2003年9 月亞馬遜宣布成立A9時，即透露將發展購物搜尋技術，供自家內部和其他公司使用。但顯然這項計畫的企圖心已大爲擴大。測試版 A9的搜尋引擎提供網友不同的搜尋工具選擇。

A9的總指揮是備受敬重的電腦科學家約德曼伯（Udi Manber），曾任雅虎公司的技術長，加入亞馬遜之後，協助發展「書內搜尋」功能，讓使用者一窺部分書籍實際內容的電子版。

啓動A9的搜尋技術不完全是自製的，也包括Google、亞馬遜和亞馬遜另一子公司Alexa所研發的技術。不同於Google，A9在搜尋結果右側展示一欄可延伸的資料，點選後即打開與書籍相關的清單或個人過往的搜尋紀錄。此服務也展示Google贊助的刊登廣告。儲存在該公司伺服器上的資料甚至能告知使用者，曾到訪過哪些網站，和何時去逛的。

A9的工具可以讓使用者搜尋全球資訊網、亞馬遜網站、Internet電影資料庫以及Google，也可查詢字義解釋，還能記下所參觀網頁的心得，並且把這些筆記儲存起來，透過任一部電腦均可叫出。

儘管測試版的功能有限，但A9已經具有一些強大功能和未來搜尋技術發展的趨勢。「搜尋技術雖然不是幼年，但還沒到成年。我們要成爲這一領域的先行者」，A9的總指揮約德曼伯說。在一些人看來A9不同於Google，而且A9勝過Google。

亞馬遜是Google搜尋技術服務的最大用戶之一，雖然在目前看來亞馬遜還沒有透過A9直接槓上Google，也沒有像Google那樣開展廣告業務。但是就A9先進的功能來看，亞馬遜顯然有逐鹿搜尋技術服務市場的意圖，這兩大巨擘間一種更直接的對抗似乎不可避免。

Google迎戰

針對亞馬遜這匹闖入搜尋引擎競技場中的黑馬，Google早有準備，亞馬遜網站推出圖書文字搜尋服務測試後不久，Google便宣布開始在用戶當中測試圖書搜尋服務。

Google的圖書搜尋服務被命名爲「Google Print Beta」，用戶透過它可以找到圖書的簡要節選、評論、作者的注釋等，而且在某些情況下還可以找到圖書的外觀照片。搜尋結果還包括用戶在哪裡可以買到這本書的相關鏈結以及Google的相關廣告。

Google的這次測試選擇了Random House、 Knopf Publishing Group、Macfarlane和Walter Ross等出版社作爲合作對象。

Google在其網站上說：「Google已經開始與幾家出版社進行合作，以對它們的網上內容進行測試。在測試過程中，出版社的網上內容將被放置在Google的伺服器上，在確定搜尋結果排名時，我們採用了同評估普通網站搜尋結果一樣的技術。」

Google一直都在探索如何進一步提高搜尋服務的水準，這次推出的圖書搜尋服務的測試正是該公司不斷改進搜尋服務的一部分。爲了達到這一目的，該公司此前還分別推出了UPS包裹資訊搜尋、計算數學公式、搜尋個人電話號碼和阻止彈出式廣告等服務。此外，在列出搜尋結果方面，Google還大大擴展了它的廣告業務。

亞馬遜要擴張搜尋領域，Google要對其進行狙擊，在這場較量中，亞馬遜一時難以占到上風。畢竟，Google是做搜尋出身的，而且還是搜尋界的老大，Google從一般搜尋向商務搜尋擴張相對來講比較容易。亞馬遜從電子商務跨行轉到搜尋服務，則相對比較難一些。

而且，亞馬遜同樣面臨一直困擾著Google和雅虎的用戶隱私問題。雖說A9在隱私保護協議中已經明示，它不會將私人資訊提供給第三方，其隱私政策也較Google的Gmail免費電子郵件服務要寬鬆一些，但一些部落格網站上的評論表明，一些人對於A9給用戶隱私帶來的潛在威脅不滿意。如果你註冊成爲了亞馬遜的會員，下載了A9工具列，公司就掌握了你所有網路資訊，包括你瀏覽過的每一個網頁、每一次搜尋、你購買的一個產品、你的名稱、信用卡、位址和你的亞馬遜帳戶。顯然，沒有人願意將自己的搜尋歷程告訴別人。這些人擔心A9開始向公司出售其搜尋服務和電子商務包時，有可能將用戶資訊存留這些公司的伺服器裡。

爲這一問題屢吃官司的Google早已經開始研究規避和解決的辦法，如果Google搶先解決了這一問題，亞馬遜的競爭力將大打折扣。

實力比較

2003年起，那些20世紀90年代後期起就聲名顯赫的電子商務公司頻頻傳出獲利的消息，位於西雅圖的書籍、音樂和其他商品的網路零售巨擘亞馬遜就是其中比較突出的一家。

2003年，亞馬遜實現了一項多年前在許多人看來不可能實現的目標：首次實現年度贏利。淨利潤猛增至7,320萬美元，合每股17美分；銷售額爲19.5億美元，較上年同期的14.3億美元成長36％。亞馬遜對未來的銷售及獲利前景充滿信心，在過去一年中已經分別三次提高銷售及獲利預期。

2004年1月，亞馬遜將2004年的銷售預期從原先的57.5億～62.5億美元提高至62億～67億美元，這即意謂著公司的銷售增幅在18％～27％之間。亞馬遜還將營收益預期由原先的3.15億～4.15億美元上調至3.55億～4.55億美元。

亞馬遜這兩年的經營業績表明，它已與雅虎和eBay一起成爲實力雄厚的Internet倖存者。亞馬遜目前股價已處在較高水準，差不多是2003年初股價的3倍。

Nielsen//NetRatings公司的統計還顯示：在所有線上購物網站中，亞馬遜網站以3,000萬瀏覽量輕鬆獲勝，其次是Yahoo! Shopping（雅虎購物），瀏覽量爲2,500萬；eBay網站瀏覽量爲

2,300萬，名列第三；再來是MSN的eShop，瀏覽量爲900萬；緊接著是拍賣網站Dealtime.com ，瀏覽量爲560萬。

如果從綜合實力來看，亞馬遜要比Google強大得多，但是在獲利模式、經營成本、資產結構方面，Google似乎要勝過一籌。在Google上市後，兩方的實力差距將進一步縮小，雙方如果展開激烈地正面對抗，鹿死誰手，還很難說。

★Ask Jeeves 走人性化路線

Google、雅虎、微軟都紛紛打出搜尋引擎服務個性化的旗號，然而，他們在這條道路上註定要遭遇一個先行者和勁敵——Ask Jeeves公司。

Ask Jeeves 於1996年6月由David Warthen 和Garrett Gruener創建，他們致力於將Internet人性化，使其更加方便，直觀地爲人們找到所需的資訊、產品和服務，並協助公司、企業更好地獲得並保持最大化線上交易值。總部設在加州，同時在紐約、波士頓、新澤西和倫敦設有辦事處。

Ask Jeeves 是網路搜尋技術提供者，用權威、快捷的方式爲用戶提供日常搜尋的相關資訊。Ask Jeeves搜尋技術配置在Ask Jeeves （Ask.com and Ask.co.uk）、Teoma.com and Ask Jeeves for Kids（AJkids.com）。除了這些網站，Ask Jeeves 把它的有償

搜尋技術及廣告業務整合在一起，組成會員式合作網路。

Ask Jeeves的關鍵字聯合推廣是公司廣告服務的特色，它是廣告主獲得大量高品質目標客戶的有效工具。Ask Jeeves的Web網站與入口網站、資訊港、分類網站、目的網站結成技術聯合，協助企業公司透過網路搜尋增加電子商務及廣告收入。

Ask Jeeves麾下的www.Ask.com 是Ask Jeeves公司的旗艦站。這個搜尋網站以其熱心的網上幫手Jeeves而聞名，指導人們在網上找到最佳答案。由於集合了最好的分類搜尋技術，Ask Jeeves針對人們的問題、所查詢關鍵字搜尋到最相關的答案。Ask Jeeves關鍵字聯合推廣，即公司的聯合廣告服務，是廣告主獲得大量高質量目標客戶的有效工具。

Ask Jeeves UK成立於2000年2月，已經發展成為英國、愛爾蘭地區的首要網站。Ask.co.uk以其快捷、豐富的搜尋技術為用戶提供快速的搜尋結果。Ask Jeeves UK 是Ask Jeeves.Inc的子公司。

Teoma 是一項先進的網路搜尋技術，據Nielsen//NetRatings的報告，Teoma在北美提供25％以上的網上搜尋任務。2001年12月，Ask Jeeves整合了Teoma的搜尋技術，一年內網友對該網站的搜尋結果滿意度提升了45％。Teoma，在愛爾蘭蓋爾語中是「專家」的意思，它與今天市場上的其他任何搜尋引擎都不同。Teoma是唯一可以組織分析網路的搜尋技術，這是由於它是以主題分類爲基礎的目錄集合，能夠傳回網上最權威，最相關的搜尋結果。Teoma是ask.com，ask.co.uk及teoma.com的主要搜尋技術支援。

AJkids.com是Ask Jeeves爲孩子提供的網站，也是孩子們及年輕人所喜愛的一種快捷、方便、親切的搜尋方式，他們既能在這兒找到問題答案，又可以了解網上世界。這個設計有趣的目的網站致力於學習和「休閒教育」。Ask Jeeves for Kids使用自然語言技術，孩子們可以用對話的方式提出如「爲什麼天是藍的？」、「在太空中是怎麼生活的？」這樣的問題，就像與父母、朋友或老師交流一樣。Ask Jeeves for Kids 集合了人工編輯判斷和過濾技術，使孩子們能夠得到相應的、內容恰當的答案。

Ask Jeeves for Kids只接受適合13歲以下兒童的產品廣告。具體廣告專案參看Ask Jeeves廣告及網站推廣。

第十章

爭霸中國

網路搜尋市場日益蓬勃，大舉入侵大型入口網站，雅虎中國不得不跟在百度後面單推搜尋入口網。

儘管雅虎進入中國市場這幾年一直默默無聞，但收購了3721之後，活力漸漸迸發。雅虎總部比以前更加重視中國市場的本土文化，周鴻禕的「一搜網」 一出世，就被允許使用雅虎花26億美元併購包括Inktomi、Overture等專業公司融合打造的全新技術，改變了過去新技術在亞洲其他國家先實驗，再平移到中國來的緩慢節奏。同樣躍躍欲試的還有搜狐。該公司在2004年七八月份推出名爲「so.sohu.com」的搜尋入口網，這將是與尼葛羅龐蒂所主持的媒體實驗室合作的產物。

就連接受了Google投資的百度，也將毫不留情地繼續與Google競爭。倔強的「陽泉小子」李彥宏一定要把百度獨立運作上市，而不甘心委身Google，寄人籬下。

打本土服務牌

自雅虎收購3721之後，Google一直想要進入中國市場，實際上除了收購百度外Google沒有其他選擇，因爲Google在中國本土化的最大障礙是缺乏本地通路，在通路上占優勢的3721已經先投懷雅虎，Google也就只能選擇百度了。另外，Google目前的中文分詞技術並不出色，它有可能不再讓Basis技術公司做它的中文分詞，轉而交給一家中國技術公司來做，比如海量科技。海量是一家專注於中文智慧計算技術理論研究、技術開發的公司，規模不大但對中文資訊處理技術的研究頗有造詣。至於Google會不會收購海量，這個很難說，但可以肯定的是，收購海量比收購百度，對Google更有價值。

Google目前在中國，遇到的問題有三個：首先，相關產業政策的限制，Google不是一般的IT公司，也不是常規的網路媒體，難以作爲一般的外資企業進入中國市場；其次，在Google上可以搜尋到許多中國禁止、限制傳播的內容，如色情、迷信、暴力等，這使它很難通過內容審查；第三，中國的搜尋市場的情況Google還並不了解，還不敢冒進。

前兩個問題對於Google來說，都很好解決，進行政府公關和通過技術遮罩掉不良內容就可以解決問題了。影響Google進入中國的主要是第三個問題，目前美國的投資者對中國的搜尋市場並不了解。Google投資百度，將可以深入了解中國搜尋市場的現狀和發展潛力，可以直接了解這個號稱是最大的中文搜尋公司的獲利狀況，並估計出Google在進入中國市場後的運營狀況。透過這種方式，Google只需投入1,000萬美元，就可以完美的解決進入中國市場最大的難題。Google聯手百度很大程度上也是應對雅虎中國策略的權宜之計。

面對Google中文管理介面對中國搜尋引擎廣告服務代理商的衝擊，從事Google、Sina、Sohu等國內外多家搜尋引擎推廣業務的相關人士分析認爲，搜尋引擎廣告服務代理商在現階段依然具有自己的生存價值，專業化、個性化將是未來競爭的焦點。

由於專業化的操作技巧對決定搜尋廣告投放成功與否具有重要影響，在中國廣告客戶普遍缺乏搜尋廣告投放經驗的現狀下，爲顧客提供專業化的服務將是現階段廣告服務代理商的生存價值所在。其中廣告服務代理商提供的專業化、個性化服務包括：配備專人進行即時維護，不間斷地修改廣告價格、監控競爭對手並與其展開競拍價位以保證自己的廣告處於有利的頁面位置等細節操作；對關鍵字設置和費用分配技巧進行合理的設計分配；根據企業的狀況爲用戶提供完整、準確的費用預算等。

不僅是搜尋引擎的廣告服務代理商正在積極地以專業化服務創造自己的生存價值，面對激烈的市場競爭，搜尋引擎廠商也開始從專業化入手，致力於爲顧客提供個性化的服務，用獨一無二的服務贏得搜尋引擎使用者的忠誠。在中國市場上，電腦世界網的e海航標，以開創性地爲IT領域的用戶提供知識管理服務贏得衆多用戶的青睞。一位經常使用e海航標的用戶評價說：「對於IT用戶來說，e海航標比Google更好用，同樣的在Google裡鍵入一個關鍵字可能有數萬個結果，而在e海航標可能只有幾百個，但這幾百個全是我需要的資訊。」

面對搜尋市場新一輪的變革和競爭，如何從自身的實際情況出發，從爲用戶提供專業化的搜尋服務入手進而做大做強，才是搜尋產業各廠商對自己今後的發展道路做出的理性選擇。

牽手百度

Google作爲全球最流行的搜尋引擎，在中國卻面臨著極大的風險，它強大的搜尋技術碰撞到中國的Internet嚴厲管制，一些敏感的搜尋結果被暗中過濾。在中國境內搜尋的顯示結果與在國外有很大不同。尤其中國政府已經認可，並支持中國三大入口網站。

另外，Google的廣告業務帶來了巨大的收益，但在中國，由於沒有設立當地辦事處，許多中國的小公司假冒Google獨家廣告代理，給Google造成了極大的品牌損傷，因此本土化的正規運作顯得尤爲必要，這也可以爲Google在未來贏得巨大的中國網路廣告市場。

在中國，Google面臨的最大挑戰將會是行銷推廣，Google不像雅虎，它沒有正式的中文名稱，儘管Google在自己國內贏得了眾多的客戶，但中國的許多網友並不知曉Google，尤其在小城鎮。

Google此次參股百度，從一個更大的層面來看，顯然有助於Google本土化的降低成本，而且能夠輕易穿越中國的政策障礙，站穩腳跟，開拓廣闊市場；從另一方面來看，Google此舉顯然是爲了應對全球最大對手Yahoo!（雅虎收購3721），使他們的本土化進程大大加快，而雅虎中文先前的低調也已大大改觀，一系列的市場推廣（包括雅虎通的發行）更是使得其品牌形象進一步增強。爲此，Google必須同樣迅速地、低門檻地進入中國，以贏得市場先機。

Google在中文搜尋領域裡已經頗有建樹，連全球最大的華人Internet公司新浪都使用它的技術，但在戰略上，雅虎在新一輪會戰中坐擁了中國土生土長的3721，尤其是在銷售管道上，早已占據了先發優勢。雅虎收購3721後組成了陣容強大的中國搜尋研發團隊，推出了YST（Yahoo! Search Technology）簡體版、繁體版和英文版（百度則只有簡體版），並先於Google把伺服器搬到了中國，搜尋質量和速度明顯提升。另有消息稱，雅虎即將推出的中文搜尋入口網也已經進入了測試階段，將於不久之後上線。「強攻中文搜尋市場」成爲雅虎中國未來工作的重中之重，雅虎的一系列舉動使Google面臨著明顯的競爭劣勢。

Google曾宣布要在上市後大力拓展中國市場，但在它未將觸角伸進中國之前，中國搜尋市場已是硝煙彌漫。如果Google隻身前往中國市場淘金，將會面臨在全球市場不分伯仲的雅虎的追擊、號稱全球最大中文搜尋引擎的百度的本土作戰，而把挑戰Google作為口號的中國搜索聯盟也不可小覷，目前僅在中國設有一個辦事處的Google似乎還難以應付。所以，注資中國本土的競爭對手，繞道進入中國市場是最好的選擇。

Google最大的競爭對手是微軟和雅虎，百度不會因為Google的上市而受到生存威脅。

百度總裁李彥宏表示：「百度還處在發展的早期階段，搜尋技術本身依舊也處於早期，搜尋市場才剛剛啓動；中國市場的魅力吸引了全球搜尋大廠將戰場移師中國，而中國又確實有它的特殊性。我了解中國、理解市場和用戶，應該還有很多事可以做。」

全力狙擊雅虎

以往雅虎在中國本土網站排名中，至多也就前五名，但流量、收入均無法與中國三大入口網相抗，這與雅虎中國一度沒有獲得ICP許可證而只是租用方正牌照有關。但現在不同了，據雅虎中國執行副總裁陳建豪表示，繼不久前與新浪合資組建C2C公司後，2004年雅虎中國還將在有償搜尋、網上廣告、收費預定和寬頻接入等方面有更多措施。

Google試圖借著中文廣告競價業務、免費郵件等措施保持現狀，拉升人氣，但鑑於雅虎的免費郵件已領先在先，又即將把伺服器轉移至中國，3721更爲之提供了流量、通路、ICP牌照等稀缺資源，Google若想在中國甩開雅虎也難。不過，因爲百度只能做簡體中文，繁體和英語都做不了，因此面對技術更好的Google，百度並無勝算。所以，Google足以維持他在中國本土的第一陣營地位。

另一邊，3721越來越明顯暴露出來的搜尋面目，使得各路搜尋引擎公司將3721從以前互補型的業務對象逐漸視爲業務交叉的競爭對手。而3721香港的收購者雅虎，原本即是百度，也是Google的競爭強敵。雅虎的本土化戰略已經衍生出了收購3721香港，以及3721採用雅虎的YST（Yahoo Search Technoque）搜尋技術等多個戰果。

而且就在Google注資百度一周後，雅虎猛然推出「一搜」搜尋引擎（www.yisou.com），其介面、性能皆直指Google，卻又有著比Google中文更爲「本土化」的面目。由此，雅虎 －3721與Google－百度之間也必有一場奪鬥。中國內外都有專家認爲，中國內地的搜尋市場已經清晰地劃分爲Google/百度陣營和雅虎/3721兩大陣營。

正如所有事情的發生都存在正反兩方面結果，對所有的本土搜尋引擎來說，外強進入，也可以刺激、加速對自身的改進。

擠壓中國搜索聯盟

中國搜索（慧聰）的處境大概是目前最尷尬的。原本是搜尋引擎廠商，可以獨立與百度爭鋒，現在，Google注入資金到百度，給百度增添了更強勢的品牌因素，而且不知在未來會什麼時候兩家會聯手出擊；加上中國搜索新近才「從後臺走到前臺」，以後來者身份躋身市場，尚未完全樹立起強勢品牌地位，所以，如果Google與百度聯合起來的話，無疑對中國搜索將造成極大威脅。同時，由於搜尋引擎服務商都已形成共識，即必須開發屬於自己的搜尋技術才是發展方向，因此中國搜索依靠提供搜尋技術的收入也將進一步減少。

中國搜索很清楚自己的處境，面對Google和雅虎的喧囂殺入，向媒體喊出了「堅決抵禦Google等外族入侵」的口號，大打「民族品牌」戰，讓人聯想到IT產業內民族品牌艱難、頑強地抵禦洋鬼子強勢品牌的形象，只是這一策略沒給自己留下退路——未來不排除中國搜索同樣被「外族」注資的可能，屆時中國搜索還會象現在這般強硬嗎？

最近一段時間，阿里巴巴、8848、騰訊、中華網、21世紀在線，也紛紛搶灘中文搜尋市場。但對於阿里巴巴、8848來說，由於專注的細分領域不同，阿里巴巴的「網商」搜尋引擎是針對自身會員搜尋買賣的商機；8848、中商網專做購物搜尋引擎，因此「Google＋百度」未必會對他們產生威脅，倒是二者結盟所攪起的搜尋引擎市場的整體熱鬧勁頭，可以間接爲他們掙來不少人氣。

另一個尷尬角色是搜狐。搜狐號稱是靠搜尋起家的，張朝陽也一直強調，搜狐這個名稱中就有個「搜」字，表示搜尋是搜狐所看重的。但現實並不如人意，搜狐搜尋的境況並不比新浪好。不過搜狐正在開發自己的搜尋技術，新的搜狐搜尋頁面，看上去很像七八年前的雅虎，最終是否能被用戶認可，可能並不樂觀。

儘管雅虎也一度完全放棄了搜尋，但它並沒有失去搜尋市場，即使在Google最強勢的今天，它仍然在市場占有率上緊緊地咬著Google。而且透過大手筆的收購，今天的雅虎正在重新回到搜尋引擎的舞臺上，對Google形成強大的壓力。中國的Internet公司普遍比較短視，又缺乏足夠的實力去收購搜尋技術公司。所以在搜尋引擎越來越成爲Internet中樞神經的時候，他們都無奈地成爲旁觀者。

新浪不尷不尬

近期，新浪的「全部網站」搜尋結果頁的右邊原來「Google」的標誌已經被「Powerdeby中國搜索」的圖片替代。新浪在2003年8月開始與Google合作，採用Google的網頁搜尋引擎，現在，新浪大概是與Google終止合作，轉而與「中國搜索」合作。新浪放棄Google轉用中國搜索，足以證明新浪在中國搜尋市場上正變得越來越沒有地位。

其實新浪的這種尷尬在Google參股百度這件事上已經表露無疑。本來，新浪是Google的合作夥伴，但顯然與新浪的合作幾乎未能給Google帶來任何利益。新浪搜尋引擎的實際使用量太低，而且新浪更熱衷於推自己的競價排名。選擇中國搜索做自己的搜尋技術供應商，也證明新浪搜尋已經完全不在乎用戶體驗了，它所需要的只是一個便宜的搜尋引擎，借此出售自己的競價排名，僅此而已。

新浪搜尋帶來的瀏覽少到幾乎可以忽略不計。Google高居首位，接下來是百度、3721、網易和雅虎。Google一家帶來的瀏覽量幾乎等於其他搜尋引擎帶來的總和。當然這可能跟Google的演算法更有利於Blog有關。

隨著搜尋市場的快速成長，中國早已成為繼美國之後的第二大搜尋市場。由於3721與百度公司先後放棄了對原有民族立場的堅持，並作出與國外IT巨擘併購或資本合作的戰略調整後，因此民族搜尋引擎產業正經歷著前所未有的考驗。同時，隨著Yahoo!信箱、雅虎通、Google Gmail等產品的大舉入侵，Yahoo!、Google與各大入口網之間的競爭已全面展開。而作爲IT競爭的核心領域，搜尋引擎的競爭也已成爲了整個中國Internet市場競爭的前哨戰。不得不承認的是，因爲有3721和百度本土化公司的存在，入口網站面臨的危險已大大超過了當年雅虎進入中國的時候，雖然少數入口網站也想自主研發搜尋引擎技術，增強競爭實力，但從目前的市場環境來看，此舉已經變得比較被動。顯然，入口網站和本土化搜尋引擎都已經意識到只有運用資源整合的方式，在縱向的產業鏈之外尋找到橫向的合作夥伴，並拓寬多元化的管道，改變單打獨鬥的孤立局面，才可能在新一輪的市場格局中占據有利位置，抵禦住境外搜尋鉅子的入侵，所以，中國入口網的代表新浪網與專注於搜尋技術的本土化搜尋引擎中國搜索的合作，應該說是相當明智而又雙贏的選擇。

金山詞霸加入洗牌隊伍

2004年7月1日，金山將朝搜尋領域邁出第一步，推出自己的專業搜尋網站。此時距金山詞霸2005、金山快譯2005在卓越網首發不過一周，顯然詞霸只不過充當了金山轉向搜尋引擎的一個絕佳的跳板。

眼下的中國Internet市場，不僅擁有百度、中國搜索等獨立的搜尋引擎，新浪和搜狐等入口網站也開始動手。雅虎在整合3721基礎上日前發布「搜Q」，Google參股百度，外資巨擘也擺出征戰中國搜尋市場的架勢。金山2004年7月1日推出的搜尋網站將避開已有「海量搜尋」爲主的對手的鋒芒，而專注於以詞霸網路百科全書爲主的專業搜尋領域。

副總裁王濤說：「傳統的網頁搜尋是以網路上的內容爲搜尋物件，海量的資訊往往令用戶無所適從；而金山推出的搜尋會以各產業的知識庫爲基礎，用戶可以透過關鍵字進行搜尋找到傳統的權威資料。」他打比方說，如果我需要找一個「感冒」的醫學名詞，利用現有的搜尋引擎會出現很多無用的資訊，但是如果使用詞霸線上，將能夠迅速直接地給出「感冒」的醫學解釋及各種醫治方案。

王濤進而指出，詞霸線上搜尋的發展方向是向網路百科知識庫發展，將解決目前網友「專業搜尋難」這一問題。不過，對於日後金山是否會轉向搜尋引擎領域，能否對Google、百度產生直接競爭關係，金山相關人士不置可否，暗示「分一杯羹」是有可能的。跡象表明，金山從網路遊戲切入，進而大舉進軍Internet領域，透過整合其現有的詞霸、毒霸等產品線打造出一個全新的Internet平臺。「金山的未來繫於Internet」，金山強調，未來不可避免要利用搜尋功能提供更多有價值的服務。

「搜尋將不再是網頁搜尋一統天下。」金山總裁雷軍慣有的激情式行銷語氣難以抑制，他說，「未來市場上將趨向於細分，專業化搜尋更具有商機。」他透露，金山原先擁有接近百人的網站建設隊伍，此次下決心進入搜尋市場，已經投入24臺伺服器，配備1G頻寬，負責文字錄入的速記員擴招至70多人，未來數日內還將金山所有Internet產品線統一到官方網站的首頁。

不過，來自更多的跡象表明，與金山以往重大戰略轉型不同，金山在搜尋方面投入精力較少，僅限於硬體方面，並未成立獨立的搜尋業務部門，也未任命某個副總裁負責此專案。據了解，將詞霸搬到網上的想法，更是由另一家公司雅虎中國最早主動提出來，雅虎中國曾於2004年6月初主動找到金山公司，從雙方初期接觸到研發產品雛形誕生，不到一個月時間。如果不是合作夥伴雅虎中國的極力遊說，金山詞霸總資料庫還只是塵封在研發人員電腦裡。

當然，雅虎中國此舉也是為了彌補其在專業搜尋領域的缺憾。數日前，雅虎中國推出的一搜網站與競爭對手百度搜尋相比，還缺少強有力的新功能，與更多技術型公司捆綁，將各自產品優勢互補，共用資料庫資源，成爲雅虎中國產品未來外部合作的主要模式。

不過金山依然對雙方的合作存有戒心。雷軍承認，此次合作並未升級至資本層面，只是向雅虎中國轉讓了部分詞霸使用權，資料庫資源還保留在金山公司，但可以肯定的是，雅虎中國需要向金山公司支援一筆可觀的費用，對於涉及具體金額，雷軍諱言莫深。

大事記【一】

搜尋引擎市場大事記

◎1994年1月：美國史丹佛大學電機工程系博士生David Filo和美籍華人楊致遠共同開發出雅虎分類目錄搜尋引擎，當時被稱爲「Jerry和David的全球資訊網指南」（Jerry and David's Guide to the World Wide Web）。

◎1994年5月：「Jerry和David的全球資訊網指南」線上瀏覽量突破10萬。

◎1995年3月：雅虎公司成立。

◎1995年4月：創投公司Sequoia Capital爲雅虎投資400萬美元，現在它同時也是Google的股東。

◎1995年秋：日本軟體銀行（Softbank）向雅虎投資6,000萬美元，買下雅虎5％的股份（後來又大幅度增加），而且兩家公司迅速成立了合資的日本雅虎公司。

◎1996年4月12日：雅虎正式在美國那斯達克上市，開盤每股價位定在13美元，當天市值達8億美元。

◎1996年6月：David Warthen和Garrett Gruener創立Ask Jeeves。

◎1996年8月：張朝陽創辦搜狐，ITC愛特信公司註冊 。

◎1997年：Fast成立於挪威。

◎1997年10月：雅虎推出郵件服務。

◎1998年9月：雅虎網上拍賣頻道發布。

◎1998年2月25日：搜狐推出中文搜索引擎。

◎2000年1月：李彥宏與好友徐勇得到創投資金，於北京創立百度。

◎2000年3月：雅虎推出企業對企業的電子商務（B2B）服務。

◎2000年 6月：百度推出中文搜索引擎。

◎2000年7月12日：搜狐在那斯達克掛牌上市。

◎2001年6月：雅虎收購網路音樂公司Launch Media。

◎2001年10月：百度推出全新商業模式---搜尋引擎競價排名。

◎2001年12月：雅虎收購網上招聘網站hotjobs.com。

◎2001年12月：Ask Jeeves整合了Teoma的搜尋技術，一年內網民對該網站的搜尋結果滿意度提升了45%

◎2002年7月31日：Ask Jeeves推出搜尋工具列，功能包括：一般搜尋（Search Ask）、新聞搜尋（Search News）、詞典搜尋（Search Dictionary）、經濟資訊搜尋（Search Market）、天氣預

報搜尋（Search Weather）等。

◎2002年12月24日：雅虎同意以大約2.35億美元的價格收購搜尋軟體公司Inktomi。

◎2003年1月18日：Google收購部落格網站Blogger.com開發團隊--網上出版軟體發展商PyraLabs。

◎2003年2月19日：Overture公司表示，計畫以1.4億美元現金加股票，從CMGI公司手中收購入口網站AltaVista。隨後又宣布收購Fast/AllTheWeb的大部分資產。

◎2003年2月26日：Overture同意以1億美元收購位於挪威的Fast Search and Transfer公司的網路搜尋部門。

◎2003年4月15日：新浪與中國搜索聯盟結成戰略同盟，至此，中國已有數百家網站結成搜尋聯盟，以迎接國際巨擘Google挺進中國市場後的巨大壓力。

◎2003年4月21日：第二大網際網路搜尋引擎提供商Ask Jeeves公司宣布對其Ask.com網站進行升級。Ask Jeeves是僅次於Google的第二大搜尋引擎，也是網際網路上第五大搜尋基地（Google、雅虎、微軟、AOL、Ask Jeeves）。

◎2003年6月：賽迪集團調查，百度超越Google，成爲中國網民首選的搜尋引擎。

◎2003年6月18日：微軟公司表示其正在加大研發新型網際網路搜尋引擎技術的力度，包括對一款功能更先進的技術原型進行測試。

◎2003年7月13日：中國百度推出圖像搜尋、新聞搜尋兩大搜尋功能，以此來帶動搜尋流量。同時，輔以百度的搜尋風雲榜，使得百度的資訊搜尋及資訊評估的作用更加突出。

◎2003年7月15日：雅虎宣布以16.3億美元收購在網路搜尋服務上的競爭對手--Overture公司，以期在同Google的競爭中取得優勢。

◎2003年8月14日：歐洲最大的ISP T-Online與Google簽署搜尋服務合約，同時終止與Overture的合作。

◎2004年1月27日：MSN在美推出了工具列英文試用版供人免費下載，功能結合了MSN當紅的Hotmail及Messenger服務，再加上可以搜索關鍵字，無論是網站、新聞等。

◎2004年2月：雅虎宣布停止使用Google的搜尋技術，徹底結束雙方自2000年底以來的合作，轉而採用從Inktomi和Overture購買的技術，取代Google的工具列。

◎2004年6月：IBM矽谷實驗室開發出像Google那樣進行網路搜尋的內部共同資料搜尋技術。

◎2004年七八月份：搜狐推出名爲「so.sohu.com」的搜尋入口網。

◎2004年9月29日：Yahoo!奇摩電子信箱服務升級，免費信箱容量提升至100MB。

◎2005年2月25日：IBM 宣布將推出一款名爲Serrano的升級版企業資訊管理工具。這一產品將使用人工智慧技術和資料挖掘技術從企業文檔中挖掘更多資訊。據IBM 稱，它還包含有改進的搜尋引擎和前端工具，使獲取企業資訊像搜尋Web 那樣簡單。

◎2005年6月30日：新浪推出自主開發的搜尋引擎「愛問」，在此之前，新浪的搜尋品牌是「查博士」，由中國搜索爲其提供技術支持。

◎2005年7月31日：Ask Jeeves推出全新的廣告服務網路。在不到兩周前Ask Jeeves被InterActive以23億美元收購。

◎2005年8月5日：有中國Google之稱的百度在美國那斯達克掛牌上市，發行價27美元、開盤價66美元。收盤時股價大漲到122.54美元，漲幅353.85%，創下美國股市5年來的紀錄，公司市值達到39億美元。第二天，股價繼續衝高到153.98美元，8月26日跌回79美元的收盤價。

◎2005年8月12日：雅虎入主阿里巴巴，對阿里巴巴投資10億美元現金，並且將其中國事業雅虎中國併入阿里巴巴，而得到阿里巴巴40%的股權與35%的投票權。阿里巴巴資產包括入口網站雅虎中國、搜尋引擎一搜、線上拍賣平台業務一拍和網路實名服務3721等。根據雅虎指出，阿里巴巴在納入雅虎中國全部資產後之總值約爲40億美元。

◎2005年8月17日：亞馬遜投身地圖搜尋市場，發表A9服務beta版，集照片和地圖搜尋功能於一身，幫助網絡瀏覽者通過虛擬的方式對美國20多個州進行遊覽。

◎2005年8月17日：美國著名IT雜誌《紅鯡魚（Red Herring）》報導，按滿分100分計算，雅虎的消費者滿意度從去年的78分增至今年第一季度的80分，而Google保持82分未變。此外，MSN、Ask Jeeves和AOL分別以75分、72分和71分位居3名至5名。

◎2005年8月24日：柳傳志投資中國搜索，聯想控股投資額約3000萬元人民幣，中搜目前開發的「第三代搜索技術」，將對百度甚至Google形成「替代性」競爭。

◎2005年8月30日：微軟公司宣佈收購小型的互聯網呼叫服務公司Teleo，進一步擴大MSN信使服務的功能。

◎2005年8月30日：雅虎提升電子郵件搜尋功能，和對手Google的Gmail一拼高下。

大事記【二】

Google公司大事記

◎1995年3月：佩吉和布林在史丹佛大學相識。

◎1996年1月：開發出Google的前身BackRub搜尋引擎。

◎1998年9月7日：創立Google公司，籌集100萬美元，第一個辦公室位於加州一個車庫，有4名員工。

◎1999年6月7日：創投公司克萊那·巴金斯和美洲紅杉公司投資Google公司2,500萬美元。Google的員工增加到39名，並將總部搬到加州山景城。公司每天執行300萬次搜尋。

◎2000年1月26日：Google推出免費網路搜尋服務。

◎2000年5月9日：Google推出日文、中文及韓文搜尋服務。

◎2000年6月26日：雅虎採用Google搜尋引擎。

◎2000年9月12日：Google推出了以10種非英語語言版本進行搜尋的能力，並與美國、歐洲和亞洲的領先入口網站簽約。

◎2000年10月23日：Google發表自助式廣告程式Google AdWords。

◎2000年11月13日：Google網路搜尋延伸至無線網路，PDA大廠MyPalm入口網採用Google；隔年5月15日，另一家PDA大廠Handspring亦選用Google搜尋引擎。

◎2000年12月11日：Google發表Google搜尋工具列（Google Toolbar）。

◎2001年：Google每天接受超過1億次搜尋，用戶可以在超過40種非英語語言中選擇Google的介面，包括法語、德語和日語。

◎2001年3月26日：Novell執行長和董事會主席施密德加入Google，擔任董事會主席，8月6日出任執行長。

◎2001年4月17日：沃達豐（Vodafone）開始與Google合作。

◎2001年第二季：Google開始獲利。

◎2001年10月15日：AT&T採用Google。

◎2002年2月20日：Google正式推出AdWords Select廣告業務，並定出費用，用戶可針對目標關鍵字搜尋結果頁面中Adword廣告鏈結排名進行競價，最低競價爲5美分。

◎2002年3月13日：Google的網頁索引增加到超過40億個文件檔。發布了測試版本的新聞搜尋服務。Google News對大約4,000個新聞源進行全天候的搜尋。

◎2002年5月1日：Google與美國線上合作。

◎2002年6月17日：波音公司、思科、美國國家半導體等大廠採用

Google企業搜尋服務。

◎2002年9月：Google AdWords關鍵字廣告推向全球，在英國、德國、法國和日本都能提供關鍵字廣告服務。

◎2002年7月2日：AT&T全面採用Google搜尋引擎。

◎2002年7月18日：Ask Jeeves和Google簽署1億美元的三年合約。

◎2002年10月30日：Google正式推出收費答疑（Google Answers）服務。

◎2002年12月12日：Google推出商品購物比價搜尋引擎Froogle（測試版），在搜尋框中輸入想購買的產品名稱，可得到各個購物網站/網上商店上的資訊，包括產品圖片、產品介紹、價格以及對應的網站鏈結。此外Google還提供了14個大類的產品分類檢索，以及限定價格或價格區間等高級搜索功能。

◎2003年：Google的有效廣告客戶增加到15萬多個。推出了新的國際功能變數名稱，包括印度、馬來西亞和利比亞，形成遍佈全球的82個Google網站。

◎2003年2月18日：Google收購部落格Blogger的創辦者Pyra Labs

及其下屬Blogger公司和weblog網站。

◎2003年3月：Google收購以新聞論壇而聞名美國的網站Deja.com。

◎2003年3月10日：Google授權網路搜尋及贊助鏈結予迪士尼集團。

◎2003年4月3日：亞馬遜取得Google網路搜尋及贊助鏈結授權。

◎2003年6月18日：Google推出AdSense，此一廣告計畫能按照網站內容做廣告，該程式可以幫助小型網站的管理員自動地在網站的頁面上投放目標廣告，當每次每個瀏覽者點選廣告的時候，網站就可以相應地獲得收益。

◎2003年08月1日： 蕃薯藤告別Openfind，重回Google懷抱，並新增圖片搜尋。

◎2004年2月：雅虎宣布停用Google的搜尋技術，轉而採用收購Inktomi和Overture而來的系列技術，推出自己的全新搜尋引擎，取代Google的工具列。

◎2004年4月1日：Google於愚人節宣布Gmail免費電子郵件服務，推出測試版。

◎2004年4月29日：Google向美國證券交易委員會SEC提出IPO申請。

◎2004年7月12日：Google宣布將在那斯達克掛牌交易，股票代碼爲GOOG。

◎2004年7月26日：Google向美國證管會提交上市申報書，宣布IPO股票價格在108美元到135美元之間，發行數量爲2460萬股，總募集金額將達27億美元到33億美元之間。順利以每股135美元交易的話，Google市值上看363億美元。

◎2004年8月9日：Google提高招股數量，達到2570萬股。

◎2004年8月12日：Google結束投標者登記，開始接受報價競標。

◎2004年8月18日：Google調降股票價格，也減少賣出股票的數量。Google決定賣出1960萬股，每股85美元，總共募集17億美元，成爲美國股市史上第25大的股票上市案。成立僅六年的Google公司市值達到230億美元，幾乎和通用汽車並駕齊驅。

◎2004年8月19日：掛牌首日，Google價格上漲15.79美元，突破100大關至100.79美元，漲幅18%。

◎2004年9月29日：Google發佈即時通訊（IM）軟體Hello，Hello

是集聊天和圖片檔共用、傳輸於一身的免費軟體。

◎2004年10月14日：Google推出的免費桌面搜尋軟體Google Deskbar，可以使人們無須打開IE就能夠利用Google進行搜尋，除了搜尋網路上的資料圖片外，也能一併搜尋使用者電腦硬碟中的相關資料，包括電子郵件、Word、Excel檔，甚至即時通訊軟體對話紀錄等。

◎2004年10月：Google推出測試性服務Google Print，之後開始推動Google Print圖書館計畫，也就是嘗試掃描五大圖書館的藏書，使得這些書籍的內容可以經由網路檢索查閱。

◎2004年11月4日：上市不到三個月，Google股價突破200美元大關。

◎2005年3月7日：Google桌面搜尋中文版推出 。

◎2005年4月5日：Google推出配合衛星照片的地圖檢索功能Google Earth，可以讓使用者利用衛星照片放大或者縮小想要察看的地區空照圖。不過，這項功能引起可能侵犯隱私的疑慮。

◎2005年5月11日：google宣佈取得中國營業執照，並在上海成立辦事處。

◎2005年6月21日：Google證實，該公司正在開發一款線上付款系統，但並非PayPal的直接競爭對手。

◎2005年6月27日：在美國那斯達克掛牌上市未滿一年的Google，股價突破300美元（收盤304.1美元）。相較於85美元掛牌價，漲幅達257%，市值高達854億美元。 在美國所有上市公司中，Google排名超越媒體大亨時代華網，居全美第23位。

◎2005年7月19日：聘任前微軟華裔副總裁李開復，擔任Google的大陸營運總裁，雙方展開搶人訴訟。

◎2005年8月8日：將授權代理商計畫擴展到中國，中企動力成為Google在中國首家正式授權合作夥伴，代理銷售Google AdWords關鍵詞廣告服務。隨後再增加中資源、上海火速為代理商。

◎2005年8月13日：版權問題爭議大，Google暫停Google Print線上圖書館計畫定，暫緩把五大圖書館藏書掃描全文上網。

◎2005年8月19日：Google計畫推出第二波募資行動，提出1415.9萬股公開上市發行，每股285美元，預估第二批股票可為公司募集40億美元資金。

◎2005年8月24日：Google宣佈推出即時通訊軟體Google Talk Beta版。

◎2005年8月25日：Gmail開始在美國免費公開註冊，但僅供美國人使用。

搜精・搜驚・搜金

從Google的致富傳奇中，你學到了什麼？

編　　著：楊立宇
發 行 人：林敬彬
主　　編：楊安瑜
執行編輯：汪　仁
責任編輯：蔡穎如
美術編排：洸譜創意設計
封面設計：洸譜創意設計
出　　版：大都會文化　行政院新聞局北市業字第89號
發　　行：大都會文化事業有限公司
110台北市信義區基隆路一段432號4樓之9
讀者服務專線：（02）27235216
讀者服務傳真：（02）27235220
電子郵件信箱：metro@ms21.hinet.net
網　　址：www.metrobook.com.tw

郵政劃撥：14050529 大都會文化事業有限公司
出版日期：2005年10月初版一刷
定　　價：260元
售　　價：199元
ISBN：986-7651-52-9
書　　號：Success-010

Metropolitan Culture Enterprise Co., Ltd.
4F-9, Double Hero Bldg., 432, Keelung Rd., Sec. 1,
Taipei 110, Taiwan
Tel:+886-2-2723-5216　Fax:+886-2-2723-5220
E-mail:metro@ms21.hinet.net
Web-site:www.metrobook.com.tw

國家圖書館出版品預行編目資料

搜精・搜驚・搜金 從Google的致富傳奇中，你學到了什麼？/楊立宇編著
──初版.──臺北市 ： 大都會文化, 2005[民94]
面： 公分.──（Success；10）
ISBN 986-7651-52-9(平裝)

1.電腦資訊業-管理

484.67　　94017776

大都會文化圖書目錄

●度小月系列

書名	定價	書名	定價
路邊攤賺大錢【搶錢篇】	280元	路邊攤賺大錢2【奇蹟篇】	280元
路邊攤賺大錢3【致富篇】	280元	路邊攤賺大錢4【飾品配件篇】	280元
路邊攤賺大錢5【清涼美食篇】	280元	路邊攤賺大錢6【異國美食篇】	280元
路邊攤賺大錢7【元氣早餐篇】	280元	路邊攤賺大錢8【養生進補篇】	280元
路邊攤賺大錢9【加盟篇】	280元	路邊攤賺大錢10【中部搶錢篇】	280元
路邊攤賺大錢11【賺翻篇】	280元		

●DIY系列

書名	定價	書名	定價
路邊攤美食DIY	220元	嚴選台灣小吃DIY	220元
路邊攤超人氣小吃DIY	220元	路邊攤紅不讓美食DIY	220元
路邊攤流行冰品DIY	220元		

●流行瘋系列

書名	定價	書名	定價
跟著偶像FUN韓假	260元	女人百分百—男人心中的最愛	180元
哈利波特魔法學院	160元	韓式愛美大作戰	240元
下一個偶像就是你	180元	芙蓉美人泡澡術	220元

●生活大師系列

書名	定價	書名	定價
遠離過敏—打造健康的居家環境	280元	這樣泡澡最健康—紓壓・排毒・瘦身三部曲	220元
兩岸用語快譯通	220元	台灣珍奇廟—發財開運祈福路	280元
魅力野溪溫泉大發見	260元	寵愛你的肌膚—從手工香皂開始	260元
舞動燭光—手工蠟燭的綺麗世界	280元	空間也需要好味道-打造天然香氛的68個妙招	260元
雞尾酒的微醺世界-調出你的私房Lounge Bar風情	250元		

●寵物當家系列

書名	定價	書名	定價
Smart養狗寶典	380元	Smart養貓寶典	380元
貓咪玩具魔法DIY—讓牠快樂起舞的55種方法	220元	愛犬造型魔法書—讓你的寶貝漂亮一下	260元
我的陽光・我的寶貝—寵物真情物語	220元	漂亮寶貝在你家—寵物流行精品DIY	220元
我家有隻麝香豬—養豬完全攻略	220元		

●心靈特區系列

書名	定價	書名	定價
每一片刻都是重生	220元	給大腦洗個澡	220元
成功方與圓—改變一生的處世智慧	220元	轉個彎路更寬	199元
課本上學不到的33條人生經驗	149元	絕對管用的38條職場致勝法則	169元

●人物誌系列

現代灰姑娘	199元	黛安娜傳	360元
船上的365天	360元	優雅與狂野—威廉王子	260元
走出城堡的王子	160元	殤逝的英格蘭玫瑰	260元
貝克漢與維多利亞 —新皇族的真實人生	280元	幸運的孩子—布希王朝的真實故事	250元
瑪丹娜—流行天后的真實畫像	280元	紅塵歲月—三毛的生命戀歌	250元
風華再現—金庸傳	260元	俠骨柔情—古龍的今生今世	250元
她從海上來—張愛玲情愛傳奇	250元	從間諜到總統—普丁傳奇	250元
脫下斗篷的哈利–丹尼爾·雷德克里夫	220元		

●都會健康館系列

秋養生—二十四節氣養生經	220元	春養生—二十四節氣養生經	220元
夏養生—二十四節氣養生經	220元	冬養生—二十四節氣養生經	220元

●SUCCESS系列

七大狂銷戰略	220元	打造一整年的好業績—店面經營的72堂課	200元
超級記憶術—改變一生的學習方式	199元	管理的鋼盔 —商戰存活與突圍的25個必勝錦囊	200元
搞什麼行銷 —152個商戰關鍵報告	220元	精明人聰明人明白人 —態度決定你的成敗	200元
人脈=錢脈 —改變一生的人際關係經營術	180元	週一清晨的領導課	160元
搶救貧窮大作戰の48條絕對法則	220元	搜精·搜驚·搜金 —從Google的致富傳奇中，你學到了什麼？	199元

●CHOICE系列

入侵鹿耳門	280元	蒲公英與我—聽我說說畫	220元
入侵鹿耳門（新版）	199元	舊時月色（上輯＋下輯）	各 180元

●禮物書系列

印象花園 梵谷	160元	印象花園 莫內	160元
印象花園 高更	160元	印象花園 竇加	160元
印象花園 雷諾瓦	160元	印象花園 大衛	160元
印象花園 畢卡索	160元	印象花園 達文西	160元
印象花園 米開朗基羅	160元	印象花園 拉斐爾	160元
印象花園 林布蘭特	160元	印象花園 米勒	160元
絮語說相思 情有獨鍾	200元		

廣　告　回　函
北區郵政管理局
登記證北台字第9125號
免　貼　郵　票

大都會文化事業有限公司

讀　者　服　務　部　　收

110台北市基隆路一段432號4樓之9

寄回這張服務卡〔免貼郵票〕
您可以：
◎不定期收到最新出版訊息
◎參加各項回饋優惠活動

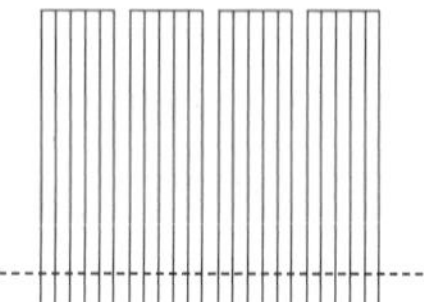

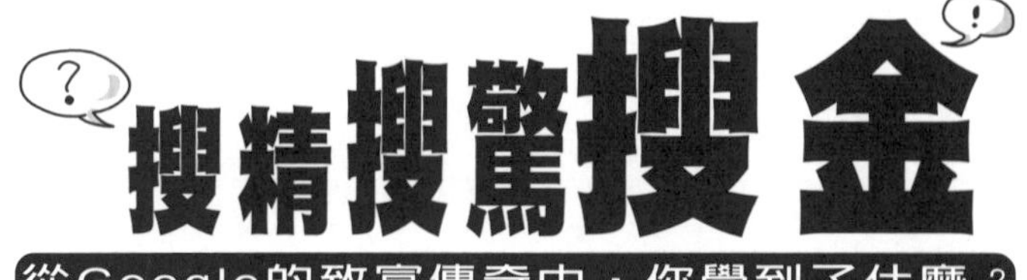

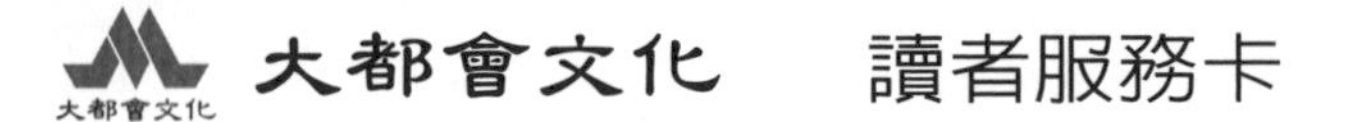

大都會文化　讀者服務卡

書名：**搜精．搜驚．搜金** 從Google的致富傳奇中，你學到了什麼？

謝謝您選擇了這本書！期待您的支持與建議，讓我們能有更多聯繫與互動的機會。
日後您將可不定期收到本公司的新書資訊及特惠活動訊息。

A. 您在何時購得本書：______年______月______日

B. 您在何處購得本書：____________書店，位於____________(市、縣)

C. 您從哪裡得知本書的消息：
1.□書店　2.□報章雜誌　3.□電台活動　4.□網路資訊
5.□書籤宣傳品等　6.□親友介紹　7.□書評　8.□其他

D. 您購買本書的動機：（可複選）
1.□對主題或內容感興趣　2.□工作需要　3.□生活需要
4.□自我進修　5.□內容為流行熱門話題　6.□其他

E. 您最喜歡本書的：（可複選）
1.□內容題材　2.□字體大小　3.□翻譯文筆　4.□封面　5.□編排方式　6.□其他

F. 您認為本書的封面：1.□非常出色　2.□普通　3.□毫不起眼　4.□其他

G. 您認為本書的編排：1.□非常出色　2.□普通　3.□毫不起眼　4.□其他

H. 您通常以哪些方式購書：(可複選)
1.□逛書店　2.□書展　3.□劃撥郵購　4.□團體訂購　5.□網路購書　6.□其他

I. 您希望我們出版哪類書籍：（可複選）
1.□旅遊　2.□流行文化　3.□生活休閒　4.□美容保養　5.□散文小品
6.□科學新知　7.□藝術音樂　8.□致富理財　9.□工商企管　10.□科幻推理
11.□史哲類　12.□勵志傳記　13.□電影小說　14.□語言學習（_____語）
15.□幽默諧趣　16.□其他

J. 您對本書(系)的建議：

K. 您對本出版社的建議：

讀者小檔案

姓名：______________性別：□男 □女　生日：____年____月____日

年齡：1.□20歲以下 2.□21—30歲 3.□31—50歲 4.□51歲以上

職業：1.□學生 2.□軍公教 3.□大眾傳播 4.□服務業 5.□金融業 6.□製造業
7.□資訊業 8.□自由業 9.□家管 10.□退休 11.□其他

學歷：□國小或以下 □國中 □高中／高職 □大學／大專 □研究所以上

通訊地址：______________________________

電話：（H）______________（O）______________ 傳真：______________

行動電話：______________ E-Mail：______________________

◎謝謝您購買本書，也歡迎您加入我們的會員，請上大都會文化網站 www.metrobook.com.tw
登錄您的資料，您將會不定期收到最新圖書優惠資訊及電子報。

大都會文化
METROPOLITAN CULTURE

大都會文化
METROPOLITAN CULTURE

大都會文化
METROPOLITAN CULTURE

大都會文化
METROPOLITAN CULTURE